Claves para introducirse en el estudio de las *inteligencias múltiples*

Ezequiel Ander-Egg

Ander-Egg, Ezequiel
Claves para introducirse en el estudio de las inteligencias múltiples. - 1a ed. - Rosario : Homo Sapiens Ediciones, 2013.
E-Book.

1. Educación-Inteligencias Múltiples
CDD 370.7

Fecha de catalogación: 30/05/2013

© **2013 · Homo Sapiens Edicione**s

Sarmiento 825 (2000   ) Rosario · Santa Fe · Argentina
Telefax: 54 0341 4406892 / 4253852
E-mail: editorial@homosapiens.com.ar
Página web: www.homosapiens.com.ar

Queda hecho el depósito que establece la ley 11.723
Prohibida su reproducción total o parcial

Corrección: Soledad Gomez
Diseño de interior: Adrián F. Gastelú - Ariel D. Frusin
Diseño de Tapa: Lucas Mililli

Índice

- Prólogo..4
- Introducción...9
- Agradecimientos..14
- Capítulo 1: El potencial humano es algo más que ser inteligente...................15
- Capítulo 2: Los conocimientos básicos que debemos tener acerca del cerebro para introducirnos en el estudio de las inteligencias múltiples.......................30
- Capítulo 3: ¿Qué es la inteligencia?...63
- Capítulo 4: La teoría de las inteligencias múltiples..............................95
- Para saber más..141

Prólogo

La primera pregunta que me formulé ante el "borrador" del libro de Ezequiel giró en torno a cuales son las razones para que un nuevo libro sobre la teoría de las Inteligencias Múltiples (IM) tenga sentido de ser editado. La propia lectura del mismo fue revelando razones valederas que otorgan a esta obra un valor singular y original.

Es conocido el *Proyecto Harvard de las Inteligencias* (P.I.H.), fundamentalmente a través de las investigaciones que lidera H. Gardner a partir de 1979, pero los aportes científicos actualizados que realiza Ezequiel Ander-Egg con un lenguaje simple y preciso, nos muestran algunas de las *claves* que hacen de ésta, una obra de lectura necesaria y que permitirá al lector, sin dudas, mucho más que introducirse a la Teoría de las IM.

Se trata de un libro sobre una problemática actual y de sumo interés para los docentes de todos los niveles y modalidades, para los estudiantes de profesorados y para los profesionales de las ciencias de la educación y, en general, de las ciencias sociales. Un libro que no solamente nos presenta las múltiples inteligencias con sus fundamentos y los posibles campos de aplicación, sino que está pensado y planteado desde un enfoque más amplio. Ander-Egg nos propone trabajar con las IM pero desde el desarrollo del potencial humano y desde el paradigma de la complejidad. Lo cual enriquece a la propia teoría de las IM y le otorga un singular matiz que invita a leer este nuevo libro de Ezequiel. Su libro número 129.

En primer término, se destacan con claridad los rasgos y características de un nuevo modo de concebir la/s inteligencia/s, a partir de las investigaciones neurológicas que *han posibilitado localizar ocho áreas cerebrales donde se localizan ocho tipos de inteligencias diferentes* (o como expresa Ander-Egg, "*probablemente once"*). Teoría que se opone a la idea de una única inteligencia y rompe con el pensamiento de la simplicidad, unidimensional y lineal, que conlleva prácticas pedagógicas uniformes para todos los alumnos y, consecuentemente, abre un campo posible a nuevos desarrollos en torno a la diversidad de la población escolar, ya que a partir de las IM no todos los alumnos aprenderán los contenidos curriculares del mismo modo ni tendrán los mismos intereses.

En segundo lugar, que *las inteligencias no son innatas* sino que, del mismo modo que ocurre con el lenguaje, *se aprenden a través de la enseñanza*. De un modo análogo a lo que formulara oportunamente Piaget, se afirma que lo único innato es la capacidad para adquirir dichas inteligencias.

El hecho de que las inteligencias se aprendan a través de la enseñanza, constituye un aporte revolucionario que abre un mundo de investigaciones y otro mundo posible para la práctica educativa; mundo, este último, al que Ander-Egg ingresa con total rigurosidad y honestidad intelectual plantando los caminos posibles y las propias limitaciones de la teoría. Un aporte relevante que no siempre se expresa y que en esta obra es abordado en forma pormenorizado.

En tercer lugar, *la relevancia de destacar aspectos singulares en el desarrollo de las inteligencias (más allá de los espacios de cognición localizados en sendas zonas neurológicas)*, ya que existen diversos modos de ser inteligente en el seno de cada una de las inteligencias y, de hecho, se produce una combinación de los ocho tipos de inteligencia, a la vez que tienen desarrollos diferentes y que -para operar convenientemente- se necesita de un mínimo de desarrollo cognitivo (competencias básicas). Se trata de una nueva clave que invita a investigar en el campo psico-social acerca de cómo se aprenden y cómo se enseñan las diferentes inteligencias.

En cuarto lugar, se desarrolla la clave que hilvana toda la obra y que le otorga originalidad. Como el mismo Ander-Egg lo expresa en forma insistente, *"el desarrollo personal es mucho más que el desarrollo cognitivo: ser más inteligentes no nos hace más humanos"*. Probablemente éste sea uno de los aportes más relevantes de esta obra que apunta al desarrollo del potencial humano, al comprender un desarrollo teórico como la teoría de las IM desde un pensamiento complejo, y analizar e interpretar (sólo) una de las dimensiones (IM), pero en el marco de la complejidad de una trama de dimensiones, sólo a partir de la cual pueden ser comprendidas las múltiples inteligencias.

Se trata, paradójicamente, de un libro sobre lo *sapiens* donde lo nuclear parece ser lo *humano.* Un libro que desnuda al autor en su dimensión más profunda y que lo lleva a relacionar todo el tiempo lo intelectual con lo afectivo y lo ético a la luz de la praxis, y sobre la base de fuertes fundamentos neurológicos.

En quinto lugar, *los fundamentos de la neurociencia, la neurobiología y la neuropsicología,* que Ander-Egg nos brinda de modo simple, comprensible y actualizado, y que nos posibilita introducirnos en nociones básicas sobre el cerebro. Fundamentos imprescindibles para comprender una teoría, esencialmente, neurológica. Como el mismo autor expresa: *"sin hacer referencia a la realidad del cerebro, se podrían ´decir cosas´ acerca de las inteligencias múltiples, pero nunca se podría comprender su significado más profundo".*

Finalmente, en sexto lugar, una de las claves más importantes para los docentes y para todos los profesionales interesados en la educación, ya que podría llevar a errores insalvables: *la teoría de las IM no es un marco referencial adecuado para su aplicación en la educación* e introducir, consecuentemente, innovaciones significativas en el aula y la escuela. Se trata de una teoría de las inteligencias y no de una teoría de la enseñanza ni de una teoría del aprendizaje.

No obstante y con relación a los probables aportes al campo de la educación, cabe destacar la importancia de la teoría de las IM, pero como bien afirma Ander-Egg, *"no se le puede pedir lo que no puede dar, como algunos hacen con la teoría de las IM y su aplicación en la práctica pedagógica".* Lo novedoso son las múltiples inteligencias y que éstas se aprenden a través de la enseñanza.

En este sentido, Ander-Egg esboza tres ámbitos de aplicación que sin dudas son relevantes y pueden aportar a la mejora de los aprendizajes de las inteligencias. Nos referimos a introducir cambios en lo referente a la *orientación* y la *tutoría*, y cambios en los *criterios de evaluación* de las capacidades cognitivas de los alumnos.

Partiendo del principio de que todas las inteligencias pueden alcanzar un nivel de desarrollo adecuado, cobra significatividad el hecho de conocer los desarrollos que cada alumno ha realizado de ciertos tipos de inteligencia e indagar aquellas que estén menos desarrolladas, a través del propio estilo de aprendizaje, de los modos de resolver problemas y de sus centros de interés, por ejemplo; en el marco del contexto social y natural, mediato e inmediato de cada alumno; y con relación a los procesos psicológicas básicos y a la propia experiencia de los mismos; ya que este conocimiento tiene que constituir el punto de partida de la enseñanza.

En otros términos, la teoría de las IM brinda acceso a nuevas formas de conocer y comprender la/s inteligencia/s humana/s y ello puede llevar a realizar replanteos en la práctica pedagógica, pero los modos de enseñar y de aprender no se desprenden directamente de las IM.

Es en este marco, donde destacamos la importancia de desarrollar líneas de investigación con propósitos diferentes a los del *Proyecto Harvard de las inteligencias*, y ello no implica desconocer que la Teoría de las IM se funda en la dimensión neorobiológicas, sino en tomar dichos aportes como en algún momento se realizó con los desarrollos piagetianos e investigar cómo un niño aprende determinado tipo de conocimiento en virtud de las múltiples inteligencias y de su desarrollo potencial.

Un libro en el que Ezequiel nos brinda las *claves* para introducirnos en el estudio de las IM y mucho más que ello. Nos introduce en el campo del desarrollo humano en tanto dimensión más amplia que no sólo abarca a las múltiples inteligencias sino, también, a toda práctica social. Un libro con rigurosidad conceptual, pero a la luz de experiencias concretas y de acciones específicas para evaluar las IM. Un libro que invito a leer con la misma pasión y los deseos de búsqueda con los que fue escrito. Un libro que fue escrito por un querido amigo y que me honra con este espacio de introducción al mismo.

No resulta fácil realizar el prólogo de un libro de Ezequiel Ander Egg. Mucho menos cuando se trata del libro 129 de un autor y cuando la amistad, esa forma de expresión de amor tan contradictoria y bella es la que une al autor y al prologuista. Menos aún es fácil si la obra de Ezequiel aborda la/s inteligencia/s. Pero, como bien lo expresa a lo largo de esta obra, *"la inteligencia es una de las dimensiones tan necesaria como acotada para toda manifestación humana"*.

Lo humano es lo nuclear. Lo nuclear de la obra de Ezequiel y de nuestra relación de amistad y de compañerismo que nos encuentra en cada jornada de formación y capacitación. El lugar donde nos conocimos y donde compartimos momentos de esta rica amistad.

Carlos Pellegrini, 12 de noviembre de 2005

Norberto Boggino

Introducción

Desde el año 2003, el director de la Editorial Homo Sapiens, José Néstor Pérez, me ha pedido que escribiese un libro sobre las inteligencias múltiples destinado a los docentes, sobre la base de las conferencias, seminarios y jornadas para educadores que había impartido en Argentina, Colombia y México...

Recién a comienzos de 2005 he accedido a escribir este libro que tú, amigo/a docente, tienes en tus manos. Éste pretende ser un pequeño aporte sobre el tema, con el fin de ayudarte en tu práctica educativa.

Como he anticipado, el material que contiene este libro son los apuntes, notas y guías que he preparado como base de mis conferencias. Sus pretensiones son muy modestas, como también lo fueron los cursos y las jornadas que he realizado a lo largo de algunos años: ofrecer algunas claves para introducirse en el estudio de las inteligencias múltiples y su aplicación en la educación, considerando el tema desde mi propia perspectiva y con mis limitaciones intelectuales, para un desarrollo posterior más amplio.

En esta aproximación preliminar al tema me limito a presentar, de manera más sistematizada, las cinco grandes cuestiones que abordé en mis charlas. Un trabajo más elaborado exigiría una ampliación de los temas tratados y una reelaboración de éstos.

El capítulo 1 es una especie de advertencia acerca de la necesidad de no absolutizar el valor de la inteligencia en el desarrollo de la persona. Aun cuando se trata de una cuestión sustancial de la formación humana, la educación es mucho más que la educación por la inteligencia. Esta convicción personal explica la razón de esta primera parte del libro.

En el capítulo 2 cambiamos el registro de nuestra exposición. Tratamos de ofrecer información y conocimiento básicos sobre el cerebro, puesto que no se puede conocer ni comprender la teoría de las inteligencias múltiples sino es a través de una explicación en clave biológica.

Luego –en el capítulo 3– nos ceñimos a una breve historia de cómo han ido evolucionando los estudios sobre la inteligencia: desde la filosofía, hasta el siglo XIX; luego, durante más de un siglo, como parte de la psicología. Con Piaget y la escuela de Ginebra se abre una nueva perspectiva al eliminarse la frontera entre la psicología y la biología. Desde finales del siglo XX, los estudios sobre la inteligencia son abordados desde el marco de la neurociencia, la psicobiología y de otros saberes conexos.

Es en el capítulo 4 donde desarrollamos el tema central del libro, a partir una presentación de la teoría de la inteligencias múltiples. Nos detenemos en la explicación de cada uno de los ocho tipos de inteligencia. Mencionamos otras tres que propone Gardner (habría entonces once tipos de inteligencia), pero no damos ningún tipo de explicación acerca de ellos, puesto que no disponemos de ninguno de los *papers* que se han preparado dentro del proyecto Harvard sobre inteligencia.

Finalmente, en el último capítulo, consideramos la aplicación de la teoría de las inteligencias múltiples en el campo de la educación. Hemos estudiado unas setenta experiencias, pero nuestra presentación es más limitada, pues excluimos aquellas que le dan a esta teoría una incidencia en la innovación educativa que consideramos exagerada, ya sea porque absolutizan su importancia o porque no hemos sido capaces de comprender las potencialidades que tiene. No nos cabe duda de que es una teoría revolucionaria en los estudios sobre la inteligencia, pero no queremos hablar de su aplicación, más allá de que consideramos –con riesgo de equivocarnos– que ha habido suficiente verificación empírica.

A lo largo de estos capítulos, en general, pretendemos alcanzar un doble propósito:

Por una parte, proporcionar una visión general de esta teoría, ofreciendo al mismo tiempo alguna información complementaria para su mejor comprensión, como son los conocimientos básicos que debemos tener acerca del cerebro para introducirnos en el estudio de las inteligencias múltiples. Igualmente –y con ese mismo propósito– dedicamos un capítulo a la forma en que han evolucionado los estudios de la inteligencia, desde la filosofía, la psicología y la biología hasta la neurociencia cognitiva, en cuyo marco se desarrolló la teoría de las inteligencias múltiples.

Por otro lado, analizamos esta teoría y algunas de sus aplicaciones en un contexto más amplio: hay aspectos que no han sido suficientemente considerados en los libros que se han escrito sobre el tema y, a la vez, creemos conveniente hacer algunas observaciones críticas de las propuestas que absolutizan la importancia de la teoría de las IM en la realización de las innovaciones educativas. En este último punto, me he detenido en cuatro cuestiones principales:

- Recordar que la teoría de las IM surge dentro de un proyecto de investigación sobre "el desarrollo personal". Sólo decirlo sería una información anecdótica. Lo que importa destacar es que el desarrollo personal es mucho más que el desarrollo cognitivo: ser más inteligentes no nos hace más humanos.

- Frente a determinadas formulaciones, nos parece oportuno recordar –y esta es una cuestión elemental en la ciencia moderna– que a una teoría (salvo excepciones, como el caso de Einstein) no se le puede pedir lo que no puede dar, como algunos hacen con la teoría de las IM y su aplicación en la práctica pedagógica.

- Aunque se trata de un tema que he desarrollado en otros libros más ampliamente, no podemos dejar de mencionar aquí la existencia (y las implicaciones) de los supuestos metateóricos de toda ciencia y por supuesto de toda teoría. Hacemos referencia, también, a los supuestos ideológicos y políticos que subyacen y que, en el caso de la educación, son los que explican el **para qué** de esta práctica y la razón última del quehacer educativo.

- Si en el último cuarto del siglo pasado hemos aprendido más sobre el cerebro que en toda la historia de la humanidad, soy consciente de que este texto –a no largo plazo– será obsoleto. Los conocimientos científicos cambian tan aceleradamente, que todo libro envejece en sus contenidos mucho más rápidamente que en pasadas épocas. Esta es la razón por la que, con mucha frecuencia, en las nuevas ediciones de mis libros siempre afirmo en relación con los cambios introducidos: todo corregido y reajustado, reformulado y reelaborado, pero nunca terminado... Si esto vale para todo libro, aún más vale para éste, cuyo tema es un campo en el que queda mucho por explorar.

Cartago, Túnez, julio de 2005

EZEQUIEL ANDER-EGG

Este es un libro sobre las inteligencias múltiples, teoría que surge en Occidente y cuya aplicación se ha hecho hasta ahora en escuelas de Occidente. Reviso este libro y doy forma definitiva al prólogo en un país de África, de cultura musulmana. Hace casi 30 años, aprendí de Roger Garaudy que "Occidente es un accidente". Desde ese entonces, hice un esfuerzo por comprender otras formas de pensar: en China, en India y, en los últimos años, en la cultura musulmana; y antes de esas experiencias, ya había logrado un cierto conocimiento de culturas indígenas de América Latina, particularmente la maya, y algo menos he llegado a comprender la cultura de los incas y de los guaraníes. La forma de pensar de los quechuas no me es desconocida... Digo todo esto reconociendo que no he sido capaz de reflejarlo en este libro, cuyo prólogo y revisión general han sido realizados en una ciudad (Cartago) que hace más de veinte siglos fue el centro del mundo colonial fenicio en el Mediterráneo y que posteriormente –varios siglos más tarde– fue la ciudad romana más importante del norte de África.

El entorno en que escribo estas reflexiones me suscita muchos interrogantes sobre la diversidad cultural y las diferentes formas de pensar y de ser. Pienso también en las diferentes formas de la inteligencia, del modo de razonar y en la manera en que se concibe el desarrollo personal.

Agradecimientos

Para realizar este trabajo, así como para la preparación de las conferencias sobre la teoría de las IM, he tenido que llevar a cabo estudios ajenos a lo que es mi campo profesional (a los que he dedicado varios meses) pertenecientes a una ciencia que ha evolucionado de manera espectacular en las dos últimas décadas: la neurociencia. Lo hice bajo la orientación del catedrático en neurociencia, Dr. Néstor Román, y del neuropsicólogo Dr. Javier Ander-Egg. Ambos, conocedores a su vez de la psicología cognitiva y del psicoanálisis.

Mi agradecimiento especial a Consuelo Correa Plaza, que tuvo que reescribir una decena de veces el texto, ya que después de cada revisión/discusión del contenido había que elaborar una nueva versión, cambiando algunos matices o buscando una mayor precisión conceptual. También en este trabajo he contado con la ayuda de "mi neurona lingüística", que es la mente ágil y penetrante de Soledad Gomez. Ambas, Consuelo y Soledad, me prestaron una ayuda inestimable para reordenar los apuntes después de cada diálogo/discusión mantenido con diferentes especialistas.

Por último, agradezco la colaboración de Laura Di Lorenzo en la edición de este libro.

Capítulo 1
El potencial humano es algo más que ser inteligente

1. El desarrollo del potencial humano es bastante más que el desarrollo cognitivo

2. La empresa de ser persona como aspecto sustancial del desarrollo del potencial humano

3. Lo que subyace en el concepto de "desarrollo del potencial humano"

4. Los contextos condicionantes del desarrollo humano

5. Algunas "flechas indicadoras" para la búsqueda del desarrollo personal

1. El desarrollo del potencial humano es bastante más que el desarrollo cognitivo

El saber no nos hace mejores,
ni más felices.
KLEIST

Un libro sobre la inteligencia, y más concretamente sobre las inteligencias múltiples, como es obvio, ha de centrar el análisis en la importancia del desarrollo cognitivo. Pero conviene recordar que el estudio que le encomendaron a Gardner, y que luego dio lugar a su teoría de las IM, fue sobre el desarrollo del potencial humano. Lo que Gardner procuró fue "ampliar los alcances del potencial humano más allá de los confines de la medición de un CI [1]", nos recuerda Armstrong.

Sin embargo, sin restar valor alguno al trabajo de Gardner, queremos hacer una advertencia preliminar: el desarrollo de la inteligencia no es equivalente al desarrollo del potencial humano. Si limitáramos el desarrollo personal a un solo factor (inteligencia), caeríamos en un reduccionismo que nos dejaría "atrapados" en la dimensión *sapiens*, como si en ella se expresase todo lo humano. Son muchos los fragmentos que configuran la complejidad del ser humano, al cual, además, sólo podemos intentar comprender desde su totalidad. Si nuestra práctica se apoyase en tal supuesto, limitaríamos la capacidad transformadora de la educación.

En este libro, lo que interesa fundamentalmente es la aplicación de la teoría de las IM en la educación. Ahora bien, si "humanizar de forma plena es la principal tarea de la educación", como suele decir Savater, está claro que el desarrollo de la inteligencia por sí mismo no es garantía de humanización o, lo que es lo mismo, no es equivalente al desarrollo del potencial humano.

Pensamientos (lo intelectual)
Sentimientos (lo afectivo)
Actividades (la acción)
Valores (lo axiológico)

La idea de definir al ser humano en su dimensión de *sapiens*, que de manera explícita o implícita ha venido subyaciendo en la pedagogía, no parece ser aceptable como expresión de pleno desarrollo del potencial humano. La capacidad y la formación intelectual de un individuo no son garantía de que la persona posea valores que humanizan.

En cualquier caso, si lo racional no es la totalidad de la vida, no por ello deja de ser una dimensión muy importante. Pero, para potenciar nuestro desarrollo personal, debemos ligar e integrar la cognición o, si se quiere, la inteligencia, "con todo el proceso de la vida –como nos dice Fritjof Capra–, incluyendo percepciones, emociones y comportamientos".

Necesitamos un pensamiento que integre la racionalidad de la ciencia y la tecnología con la sensibilidad y la emoción, con el trabajo y la fantasía, de modo que, retroactuando entre sí estas dimensiones o aspectos del ser personas, nos lleve a un modo de ser, de pensar y de actuar que en verdad personalice.

Si prestamos atención solamente –o preferentemente– al desarrollo intelectual, corremos el riesgo de dejar de lado o de otorgarle menos importancia a la **dimensión emocional** (el sentimiento, lo afectivo); hay que comprender el papel que juegan las emociones y los sentimientos en la orientación de nuestras funciones cognitivas. Conocimientos y emociones influyen uno sobre otro, pero son éstas las que juegan un papel más importante en la formación de los recuerdos. Igualmente se ha de tener en cuenta la **praxis**: la capacidad del ser humano no está sólo en el conocimiento, sino en lo que hace con el conocimiento; es el aprender a hacer. La acción supone un interés o la motivación para hacer algo; además, requiere habilidades y capacidades para saber hacer. La **dimensión ética** ha de impregnar el pensamiento, el sentimiento y la acción, orientada por valores que dan sentido a la vida. La persona humana es un tejido intrincado y complejo cuya potenciación comporta realizarse en todas sus dimensiones.

Si consideramos que el desarrollo del potencial humano involucra otras dimensiones más allá del desarrollo de la inteligencia, incluyendo los aspectos antes mencionados, el proceso de enseñanza/aprendizaje contribuirá al desarrollo de la persona, en la medida en que se integren:

Todo esto encarnado en la *vida*, realidad radical que hemos de hacer cada uno de nosotros y de manera responsable y creativa.

2. La empresa de ser persona como aspecto sustancial del desarrollo del potencial humano

A mediados del siglo XIX, le preguntaron a un joven de origen humilde –llamado James Garfield– qué pretendía llegar a ser. "Convertirme en hombre –contestó–, porque de no lograrlo en todo fracasaría"... Ser una persona que quiere ser plenamente persona no es una tarea que se realiza con sólo decirlo; es algo que exige voluntad, esfuerzo (a veces penoso). Garfield (1831-1881) se distinguió por sus actividades antiesclavistas, llegó a ser Presidente de los Estados Unidos y murió a los cincuenta años como consecuencia de un atentado.

Razón tenía Gorki cuando decía que la profesión de ser persona es la más difícil de las profesiones: siempre estamos por debajo de lo que podemos ser y deberíamos ser. Al llegar a este punto, sin lugar a dudas, el lector se preguntará: ¿en qué consiste esta empresa de ser persona?, ¿cómo lograrlo?, ¿cuál es el camino por el que se puede intentar alcanzar una realización más plena como persona?... No es el propósito de este libro, y mucho menos de este capítulo, responder a estas preguntas (todas ellas pertinentes). Como ya lo indicamos, el objetivo de esta primera parte de nuestro trabajo es poner de relieve que no debemos absolutizar la importancia de la inteligencia. La tiene –y mucha–, pero no es lo sustancial del ser persona.

Dar respuesta a estas cuestiones es una tarea inconmensurable. Se precisa, como dice Morin (*El método*, vol. V), un "pensamiento que intente reunir y organizar los componentes (biológicos, culturales, sociales, individuales) de la complejidad humana". Y esto es precisamente lo que la mente luminosa de Morin ha intentado al integrar reflexivamente los diversos saberes que conciernen al ser humano e integrando, asimismo, la poesía, la literatura y las artes como medios de conocimiento de lo humano, como son las ciencias.

¿En qué consiste la empresa de ser persona? No pretendo dar respuesta a esta pregunta (sería muy pretencioso por mi parte), sino simplemente intentar hacer una primera aproximación. En primer lugar, a través de una precisión conceptual acerca de lo que subyace en la idea de "desarrollo del potencial humano". Luego, recordando que los seres humanos no somos entes aislados, se presentarán algunas consideraciones de carácter psico-social sobre los contextos condicionantes del desarrollo humano. Y, por último, propondremos algunas "flechas indicadoras" para la búsqueda del desarrollo personal.

3. Lo que subyace en el concepto de "desarrollo del potencial humano"

La misma expresión, en su sentido lato y en su sentido más profundo, expresa la idea de que los seres humanos somos "algo" susceptible de desarrollarse. El pensamiento contemporáneo, en sus diversas dimensiones y en la mayoría de las corrientes filosóficas, psicológicas y antropológicas, tiene un punto de convergencia: la idea de "antropologización", es decir, de que a los seres humanos se los concibe como seres inacabados, en tensión con lo que no son todavía y como proyecto de que se está haciendo. El ser humano, cada ser humano, es siempre un gerundio, o sea, un haciéndo**se**. La empresa de ser persona es siempre un "ser-más-sí-mismo". Nadie lo hace a uno; el ser humano es un hacer**se**. Y, en este hacerse, la persona debe ser ella misma, identificándose sólo consigo misma y no con imágenes que vienen de afuera y que, con frecuencia, le son impuestas, ya sea por un gurú, un director espiritual, un ayatollá, un psicólogo o un líder político. Tenemos la necesidad de elegir constantemente qué hacemos con nuestra vida, y en este permanente decidir se mezclan la inteligencia, las emociones, la voluntad, los valores (principios, ideales y proyecto de vida).

Nuestro vivir se desarrolla como parte que somos de un todo; esta realidad implica también preocupación para que los otros seres humanos que viven en nuestra Patria-Tierra puedan tener una vida digna. Si no existiese en cada hombre y cada mujer la capacidad de sentir y rebelarse contra cualquier forma de injusticia, de explotación o de violencia ejercida sobre cualquier ser humano, eso significaría un modo de amputación de la persona. La potencialidad de solidaridad existe en todo ser humano, pero esto no siempre se traduce en acción.

4. Los contextos condicionantes del desarrollo humano

En las últimas décadas, con el desarrollo de una perspectiva sistémica y un enfoque holístico de las ciencias sociales, nadie considera al ser humano como un átomo aislado que existe en sí y por sí. Existe –y sólo puede existir– en conexión existencial con su "mundo", su "circunstancia" o su "medio" (utilizamos las tres expresiones indistintamente), que son los escenarios en donde acontece y se realiza esa "realidad radical" que es la vida de los seres humanos. Estos, en su hacer, y en su existir, se mueven en tres entornos: el medio social, el medio cultural y el medio físico o hábitat, que condicionan el desarrollo de su propio potencial.

Cuando hablamos del entorno, aludimos a tres ámbitos diferentes: lo psico-social, lo cultural y el entorno físico. Los tres influyen, pero no de la misma manera ni con un mismo signo. Así, por ejemplo, un ámbito o entorno familiar puede ser muy bueno para la propia realización personal, pero el medio ambiente físico puede ser catastrófico.

El **entorno psico-social** condicionante –que es el que interesa en particular a los trabajadores sociales y los educadores– está configurado por diferentes ámbitos y niveles: la familia, los grupos de pertenencia, la escuela, las asociaciones a las que se pertenece y la sociedad en su conjunto. Todos ellos constituyen el entorno y el contorno natural de desarrollo de los seres humanos... No es extraño que los informes de las Naciones Unidas denominados durante muchos años *La situación social en el mundo,* en los últimos años se llamen *Desarrollo humano* y que, en estrecha relación con este concepto, se hace referencia a la calidad de vida. Lo que está claro en la concepción que se tiene actualmente del desarrollo humano es todo lo referente a los factores que lo condicionan y que están más allá del individuo, y de lo que el individuo puede hacer para su realización.

El **entorno cultural** es aquello que nos viene dado, que heredamos de la cultura en la que estamos inmersos y nos configura en un modo de ser, de pensar y de actuar. No todo lo que recibimos como formas cristalizadas de una herencia social son modos que personalizan y humanizan. Pero la cultura cobra vida efectiva y actual en cada persona que puede repensarla y cambiarla en mayor o menor medida. Estos cambios tienen múltiples dimensiones. Aquí sólo aludimos a todo aquello que concierne a la realización personal, expresado en un estilo de vida.

Importa hacer notar que, existiendo un contexto cultural favorable para el desarrollo humano (por ejemplo, una excelente oferta educativa), esos factores pueden no contribuir a ese desarrollo, ya sea por falta de motivación o de disciplina (tratándose de los estudiantes), o bien, en el caso de países de una gran tradición cultural (de un entorno favorable que puede quedar anulado porque se está inmerso en una cultura *light,* en donde la frivolidad provoca, como explica José Antonio Marina, por "la propia interacción... un empequeñecimiento de las posibilidades". El contexto cultural es favorable –sigo utilizando palabras de Marina– según sean "los modos de vida, los valores aceptados, las instituciones o las metas que se propongan".

El **entorno físico** es aquello que se configura en un contexto más amplio: el barrio, el pueblo o la ciudad en que se vive, la comarca, etc. Particular incidencia tiene el entorno físico de las ciudades, que es el medio en que vive más de la mitad de la población mundial. En algunas de ellas, su crecimiento irracional las convierte en un lugar no adecuado para el desarrollo humano, como consecuencia de una serie de males o síntomas patológicos que algunos han denominado "síndrome o mal de la ciudad": las calles que neurotizan, la dictadura de los automóviles, la agresión que sufren niños y ancianos, el estrés como enfermedad de la civilización urbano-industrial, el caldo de cultivo de la delincuencia y la inseguridad ciudadana. Estos son algunos de los aspectos deshumanizantes. En sentido contrario, la belleza de los paisajes, las obras artísticas, los monumentos, los parques, etc., pueden ser formas de estímulo para el desarrollo de la personalidad... si el ritmo de vida nos lo permite.

5. Algunas "flechas indicadoras" para la búsqueda del desarrollo personal

Admitido que el desarrollo humano involucra una dimensión más estrictamente individual/personal y otra que depende de condicionamientos contextuales, esta tarea insoslayable –la de hacerse persona– es incanjeable e intransferible. Hay, pues, en cada ser humano, una necesidad de hominizarse, de existenciar su vocación ontológica e histórica... Dicho esto, quedan pendientes las respuestas a las preguntas con las que iniciamos este parágrafo: ¿cuál es el camino para realizarnos?, ¿qué debemos hacer para intentar, en la medida de las posibilidades de cada uno, la realización de la plenitud humana?... Al pensar en las posibles respuestas a estos interrogantes, encuentro muchas "flechas indicadoras" (imposible explicarlas, aunque sólo sea resumidamente, en el estrecho espacio de este capítulo). Señalamos a continuación algunos de los aspectos del existir humano más relevantes en la búsqueda del desarrollo personal:

- Cuidar el cuerpo como sustento y soporte de nuestra existencia.

- Dar un sentido a nuestra existencia.

- Tener un proyecto de vida.

- Dar lugar a la esperanza y un sitio a la utopía.

- El arte de aprender a vivir como aspecto sustancial del desarrollo humano.

Cuidar el cuerpo como sustento y soporte de nuestra existencia

Comenzamos por considerar lo que podríamos llamar "la base de sustentación para el desarrollo humano", que no es otra cosa que lo que Humberto Maturana denomina "nuestra corporalidad molecular". Por otra parte, se trata de "la única certidumbre que tenemos de que existimos", como decía Laín Entralgo... El cuerpo no es algo que tenemos los seres humanos: **somos nuestro cuerpo** y en él se expresa nuestra capacidad cognitiva, nuestra emocionalidad, la capacidad para hacer, nuestra voluntad para actuar.

En el principio, es el cuerpo (no el verbo); con él traspasamos el umbral que nos inserta en el mundo y, durante toda nuestra vida, es el soporte o sustento de nuestra existencia. Esta corporalidad en su irreductible singularidad es lo que nos constituye, es donde lo psíquico, lo mental y lo espiritual se dan en una misma realidad. La visión dualista espíritu-materia, alma-cuerpo, mente-cuerpo no es aceptable en el conocimiento científico que hoy disponemos acerca de lo que es el ser humano. La ciencia actual ratifica lo que los filósofos de Oriente han venido sosteniendo desde hace siglos: cuerpo-mente, espíritu-materia, son una unidad.

Nuestra "corporalidad molecular" (nuestro cuerpo) no existe en un vacío existencial. Vivir es "estar siendo" en entornos o circunstancias en las que estamos insertos como seres nacidos en un determinado tiempo y una determinada sociedad. Esas circunstancias o entornos, sean físicos, sociales o culturales, son realidades que pueden ser estimulantes o desfavorables para el desarrollo humano, aunque la voluntad humana pueda llevar a que algunas personas sean capaces de contrarrestar lo negativo y lograr un mejor aprovechamiento de lo que ayuda para avanzar en el desarrollo personal. Cada ser humano afronta un repertorio múltiple de posibilidades y tiene que elegir según su proyecto de vida.

En el cuerpo, esa singularidad única de nuestra realidad bio-psíquica se expresa a través de nuestra salud o nuestra enfermedad. El cuerpo es también espejo del tiempo, de los años que hemos vivido y de la forma en que lo hemos hecho. Al margen de la importancia que tiene el potencial genético en nuestra salud, ella está condicionada por sus componentes no biológicos, llamados también determinantes no médicos de la salud, que vienen dados por el estilo de vida y el entorno en donde ésta se desarrolla. Cabe advertir que ni la disponibilidad ni la calidad de los recursos sanitarios de los que se puede disponer están en condiciones de anular o contrarrestar los efectos negativos que el entorno puede ocasionar.

Dar un sentido a nuestra existencia

Desde otra perspectiva –a mi entender, la que plantea lo humano en su dimensión más profunda–, el desarrollo humano se relaciona con las respuestas que damos a las cuestiones más radicales (en el sentido de que van a la raíz) de nuestro existir: ¿de dónde venimos?, ¿qué somos?, ¿hacia dónde vamos?, ¿con qué propósito existimos?, ¿qué sentido tienen el dolor y la muerte? En fin, ¿qué sentido tiene la vida?

Responder a estas preguntas con respuestas humanas es lo que permite pasar de una existencia inauténtica (caracterizada por la frivolidad y el no saber para qué se vive) a una existencia auténtica, en la que uno se ha preguntado y se ha respondido sobre el sentido de la vida y actúa en consecuencia. La autenticidad del existir "es pensar –como lo dijera Jaspers– volviéndose sobre lo existente que somos" o, como lo expresara Hermann Hesse, es "emprender el camino que conduce a sí mismo".

Tener un proyecto de vida

Una tercera "flecha indicadora" de aquello que permite el desarrollo humano podría expresarse en la necesidad de tener un proyecto de vida que nos realice, que dé sentido a nuestra existencia, a nuestros sufrimientos, a nuestras luchas, a las cosas que amamos...

El proyecto personal/existencial que puede realizarse individualmente o en pequeños grupos (pareja, comunidad, etc.) es, en la vida de cada uno, la **utopía ontogenética**. Pero a este futuro personal hemos de insertarlo en algo más amplio que llamaremos la **utopía filogenética** como futuro para la sociedad y para la especie humana a cuya realización quiero contribuir. Esta es el existir viviendo, porque el estar vivo es no caer en la desesperanza o el desencanto. Cuando uno se apasiona por un proyecto, por algo que quiere realizar, la vida adquiere más intensidad (se vive ilusionada y apasionadamente). Y cuando ese proyecto es un proyecto de servicio a los demás (que debería tener todo educador como persona y como profesional), la vida adquiere mayor profundidad y sentido.

Cuando uno siente esta inquietud de espíritu:

- es capaz de infundir el gozo y la pasión por el vivir pleno;

- es capaz de sensibilizar, tensar y movilizar a quienes viven en la mediocridad de una cotidianidad alienante;

- es capaz de testimoniar con la propia existencia que la vida no es una pasión inútil y que vale la pena vivir cuando se sirve a una causa que está más allá de los propios intereses.

De este modo, el proyecto de vida, el estilo de vivir, añade más vida personal y, al mismo tiempo, motiva fuertemente a opciones y compromisos por las causas que sirven a la realización y la promoción de los otros.

Dar lugar a la esperanza y un sitio a la utopía

¿Cómo puede realizarse a nivel personal un proyecto de vida verdaderamente humano, cuando el bien-estar y el bien-pasar desplazan toda esperanza utópica?

Si el **porvenir** se acepta más como fatalidad que como futuro que podemos construir, desaparece el lugar para la **esperanza** y no hay sitio para la **utopía**.

¿Cómo puede plantearse hoy, como parte de la formación humana, la exigencia ética del compromiso social, si en un horizonte despoblado de esperanza e ilusiones no existe el impulso y la ilusión por construir un futuro en el que las sociedades sean más justas, más fraternales, porque nosotros lo somos?

El potencial humano es algo más que ser inteligente. Este ha sido el tema central de este capítulo. Con esa afirmación, de ningún modo desmerecemos la importancia de la inteligencia ni dejamos de reivindicar a la razón como herramienta para hacernos más responsables de nuestros juicios y opiniones, para ser menos dogmáticos y, sobre todo, más tolerantes.

Pero la inteligencia y lo racional no constituyen la totalidad del ser humano; son una parte principal. Sostenemos la necesidad de un modo de ser, de pensar y de actuar que integre la racionalidad con la sensibilidad, la emoción, el pensamiento y la voluntad.

Como hemos indicado en otro libro —*Acerca del conocimiento y del pensar científico*—, a pesar de todas las contribuciones altamente positivas que la ciencia y la tecnología aportaron para el mejoramiento de la sociedad y del bienestar de los seres humanos, la concepción racionalizada-cientificista-tecnológica que le sirve de referencia ha configurado un universo, una sociedad y un modo de actuar:

- hiperobjetivo;

- empírico-instrumental;

- pragmático-oportunista;

- prosaico-utilitario;

- burocrático-deshumanizado.

Estas notas o características que imprimen su sello a la sociedad actual necesitan el complemento o el contrapeso del universo de:

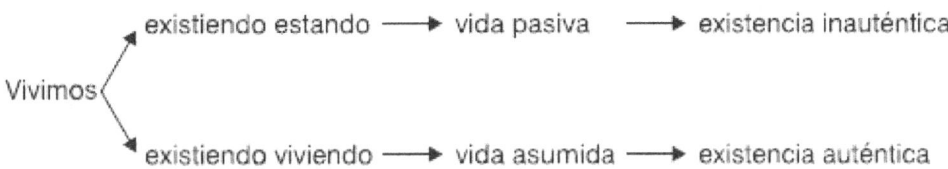

- la música y la danza;
- la poesía y la literatura;
- la ética y la estética;
- la mística y la religión;
- la historia y la filosofía;
- el silencio, la soledad y la meditación;
- la alegría y el juego;
- el sentimiento, la afectividad y el erotismo;
- la pasión, el amor y la ternura.

Visto desde otra perspectiva, necesitamos una fertilización recíproca entre la racionalidad de Occidente y la capacidad de contemplación de Oriente. Un cruzamiento fertilizante de la razón y la inteligencia con la intuición, el silencio, la capacidad de admirarse y entrar en comunión con todo lo existente. Ser persona es lo verdaderamente sustancial; ser científico es trabajar en el ámbito más elevado que ha creado la inteligencia; la búsqueda de la sabiduría es la marcha hacia la plenitud como personas.

El arte de aprender a vivir como aspecto sustancial del desarrollo humano

El arte de vivir no se aprende en los libros (aunque éstos pueden ayudar); se aprende fundamentalmente viviendo. Pero, cuando decimos "viviendo", no debemos confundirlo con el hecho de sólo existir o de estar en el mundo, ni tampoco creer que saber vivir es pasarla en la "gran jauja". Este arte de aprender a vivir, como forma de realización humana, incluye múltiples dimensiones, desde el modo de vivir nuestra cotidianidad hasta las formas de responder a las preguntas acerca del sentido de la vida a las que ya hemos hecho referencia. Lo cotidiano incluye, como el término indica, lo que acontece diariamente, desde comer, dormir, la vida de relaciones (con la pareja, los hijos, la familia, los grupos y las organizaciones a las que pertenecemos, y aun a las que no pertenecemos), el trabajo, la sexualidad, el juego, el tiempo libre, hasta la forma en la que me relaciono con mi cuerpo, con la naturaleza y con todo lo que en ella existe.

Muy poca gente –y muy raramente– se plantea la **necesidad de aprender a vivir**. Por eso, vivir es algo perogrullesco y saber vivir es un hecho extraño. De ahí la importancia de relacionar el desarrollo humano con el aprender a vivir; desarrollo humano y búsqueda de plenitud de vida son dos cuestiones inseparables.

Si sólo **existo estando** (y se "está" aun trabajando y haciendo muchas cosas), poco me ha de importar aprender a vivir. No lo considero un problema ni una necesidad; vivir es algo obvio. Creo que sé vivir, sin hacer ningún esfuerzo. Pero si quiero **existir viviendo**, me he de plantear la necesidad de aprender a vivir. El arte de aprender a vivir sólo aparece como un problema que hay que resolver, como un desafío, cuando quiero vivir una existencia auténtica.

De las consideraciones anteriores, resulta claro que el desarrollo del potencial humano es algo inherente a la naturaleza de la persona, se logra en la medida en que ésta realiza un proyecto humano y es dueña de su destino. Sin embargo, los seres humanos, como nos dice Fromm en *Psicoanálisis de la sociedad contemporánea*, no son lo que debieran ser y deben ser lo que podrían ser. O, para explicarlo con palabras de Ortega y Gasset, un tigre no pierde su "tigreidad", ni un perro su "perruneidad", ni un gato su "gatuneidad", pero el ser humano puede perder su humanidad. La deshumanización es una posibilidad de los hombres como seres inconclusos; la humanización también es una posibilidad.

En ello consiste, precisamente, el desarrollo humano, expresado en la tensión dialéctica del hombre situado entre los polos de realización y de desrealización. Para decirlo a modo de síntesis: el desarrollo humano hace a la naturaleza misma del ser persona; ésta es siempre alguien que tiende a realizarse; pero cada ser humano es el único ser viviente que puede perder su humanidad (que puede des-realizarse de lo que es propio de su ser).

Nota

[1]. CI: cociente intelectual

Capítulo 2
Los conocimientos básicos que debemos tener acerca del cerebro para introducirnos en el estudio de las inteligencias múltiples

1. ¿Por qué comenzar tratando el tema del cerebro en un libro sobre las inteligencias múltiples?

2. El cerebro: la más compleja y asombrosa creación de la evolución biológica

3. Mirando el cerebro desde diferentes perspectivas

4. En el nivel microscópico del cerebro se encuentra su significado y su realidad más profunda: las neuronas

Anexo: Para comprender las dimensiones del mundo microscópico del cerebro

1. ¿Por qué comenzar tratando el tema del cerebro en un libro sobre las inteligencias múltiples?

Protegido por la caja craneana, envuelto en varias membranas, nadando en un líquido que amortigua

los golpes, el cerebro es el origen de todos los pensamientos, sensaciones y acciones del hombre.

Howard Brabyn

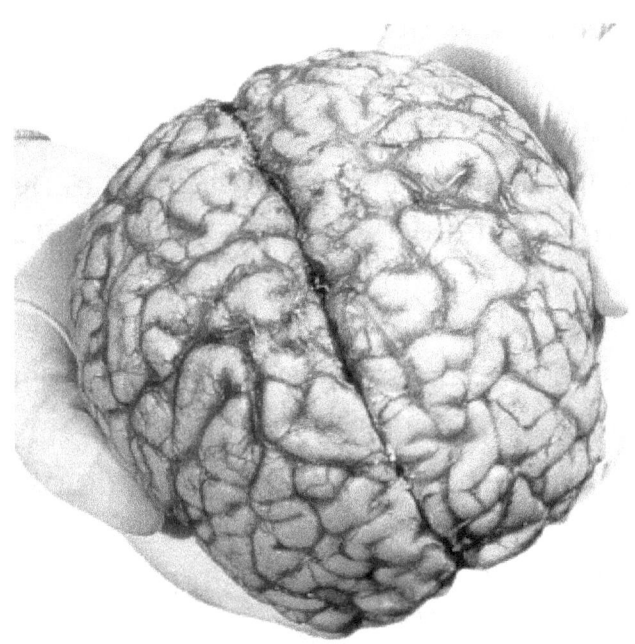

Vista superior del cerebro que muestra su tamaño y su superficie arrugada.

¿Por qué comenzar tratando el tema del cerebro en un libro cuyo propósito principal es ofrecer algunas claves para comprender la teoría de las IM y su aplicación en la educación? Existe una razón básica: sin hacer referencia a la realidad del cerebro, se podrían "decir cosas" acerca de las inteligencias múltiples, pero nunca se podría comprender su significado más profundo.

¿Qué sabemos acerca del cerebro? ¿Qué deberíamos conocer para lograr una adecuada comprensión de la teoría de las IM? El principal objetivo de este capítulo es, de algún modo, responder (aunque sea parcialmente) a estas cuestiones. Procuraremos proporcionar al lector la información y conocimiento básico acerca del cerebro y de lo que en él acontece.

Si se obvia este referente fundamental, se torna imposible profundizar en el conocimiento de la teoría de las IM. Dicho esto, de ninguna manera afirmamos que un mayor conocimiento del cerebro nos pueda proporcionar orientaciones en la práctica pedagógica, aunque puede sugerir o inspirar nuevos caminos y mejorar su praxis.

No sólo hemos de entender la inteligencia como una actividad cerebral; también tenemos que conocer en qué parte del cerebro están situadas cada una de las inteligencias que todos poseemos, conforme con lo que sostiene la teoría elaborada por Gardner.

Gracias a la neurociencia, la neurobiología y la neuropsicología, hemos comenzado a entender qué pasa en nuestro cerebro. Y, a partir de ello, sabemos mucho más acerca de las inteligencias (para expresarlo acorde con la teoría de Gardner, habida cuenta de que no habla de "la inteligencia", sino de las "múltiples inteligencias" que existen en cada uno de nosotros).

Lo que menos conocemos de nosotros –y que es también el órgano más importante y complejo del cuerpo– es el cerebro, una masa de tejido color gris-rosáceo, con un peso que oscila entre 1,3 y 1,4 kilogramos (apenas el 2% del peso de nuestro cuerpo), pero que encierra la clave de lo que nos hace humanos y de lo que nos singulariza. Si nos atenemos a los conocimientos científicos que se posee a comienzos del siglo XXI, no cabe duda de que el cerebro es el fragmento de materia más complejo y más maravilloso del Universo.

Existen muchas incógnitas sobre el Universo y la vida, y sobre muchas otras cuestiones que apenas conocemos. Pero también nos queda mucho por saber de "algo" que es el órgano principal de cada uno de nosotros. Hasta los años sesenta del pasado siglo era casi desconocido, excepto en ciertos aspectos de su anatomía y de su fisiología. A comienzos del siglo XXI, el 95% de los conocimientos que poseemos acerca del cerebro se han descubierto en los últimos 25 años. Bien se ha dicho que es el último continente que queda por descubrir y conquistar en la ciencia. Como ya hemos indicado, los científicos han avanzado en las últimas décadas más que en toda la historia de la humanidad. Frente a este crecimiento exponencial acerca del conocimiento sobre el cerebro, Jerí Janowski, uno de los más reconocidos neurocientíficos, nos advierte que "cualquier cosa que hayamos aprendido hace dos años es ya información antigua".

Relacionar todo lo que se ha investigado y conocido acerca del cerebro en estos últimos años y su aplicación en el campo de la educación es una empresa que nos desborda... En un seminario sobre formación de formadores, se me ha pedido que presentara los aspectos sustanciales que tendría que conocer un docente sobre el tema de la neurociencia cognitiva. He aceptado incluirlos en este libro como los conocimientos básicos de lo que hoy podría considerarse como el "abc" del conocimiento del cerebro; conocimiento que en las próximas décadas será absolutamente necesario en el ámbito de la pedagogía y de las prácticas educativas, ya que la cognición es un proceso que implementan el cerebro y sus subsistemas, por medio del cual se organiza la información sobre la realidad externa e interna en que existimos. Por otra parte, como ya indicamos y ahora reiteramos, tenemos que tener un cierto nivel de conocimiento del cerebro para una mejor comprensión de la teoría de las IM.

No tenemos ninguna duda de que existe, al menos, una decena de otras cuestiones de importancia en el campo de la ciencia y de la tecnología, que –en las próximas décadas– han de tener gran incidencia en el campo de la educación, ya sea de manera directa o por los cambios que se producirán en algunas disciplinas, especialmente en psicología, sociología y antropología, las cuales sirven de marco teórico referencial para las ciencias de la educación. Sin embargo, consideramos que lo más importante serán las investigaciones sobre el cerebro. "El problema es –como dice James Watson– que todavía no conocemos cómo funciona nuestro cerebro", siendo que éste es nuestro órgano más importante y valioso. Precisamente es el que nos permite ser humanos.

2. El cerebro: la más compleja y asombrosa creación de la evolución biológica

Para el hombre no hay estudio más vital que su propio cerebro. Nuestra visión del Universo depende por completo de ello...
Francis Crick

El cerebro es el secreto mejor guardado de la naturaleza.
Eric Kandel

a) Una primera mirada sobre el cerebro y una breve referencia a su evolución

Protegido por la caja craneana, con apenas el tamaño de un melón pequeño y con un peso promedio de 1350 kilogramos, se erige el órgano que nos permite ser humanos: el cerebro. Está constituido por dos tipos de células cerebrales: las neuronas y las neuroglias (o gliales). Las neuronas son las verdaderas protagonistas, aunque sólo constituyan el 10% de las células del cerebro; las neuroglias, que son el 90%, contribuyen al funcionamiento del cerebro, principalmente aislando, suministrando apoyo y nutriendo a las neuronas vecinas.

Esa masa esponjosa contiene unas 1012 neuronas, o sea, unos 100000 millones de neuronas que constituyen la unidad morfológica y funcional del sistema nervioso. Cada neurona puede establecer unas 10000 conexiones con otras neuronas y 20000 con otras células nerviosas. Existen 10000 sinapsis posibles por neurona, y unas 1015 sinapsis (un trillón) en todo el cerebro. Es la estructura a través de la cual acontece el cambio de información entre las neuronas. Existen, además, casi un billón de células de soporte que son las neuroglias, las cuales permiten que las neuronas realicen sus funciones. Frente a tan apabullante complejidad del cerebro, ¿cómo llegar a entender esa especie de máquina neuronal con un circuito de cientos de billones de nexos? En él se realizan miles de operaciones mentales que constituyen un prodigio de computación, sin que exista un centro anatómico de coordinación, puesto que está organizado en diferentes sistemas funcionales relativamente autónomos, pero cooperativos. "De ello se desprende –nos dice Francisco Mora– una regla o principio anatómico y fisiológico de profundo significado: ningún área cerebral posee el privilegio final del análisis supremo." Acéntrico y policéntrico, ejecuta funciones analíticas y de mando de forma paralela; sus regiones más importantes son las más periféricas, tanto en el córtex como en el neocórtex.

Nuestro cerebro, de forma ovoide, con la extremidad posterior más ancha, surcado de pliegues, posee trillones de células en actividad constante. Las neuronas se agrupan en millones de circuitos que utilizan procesos electroquímicos para la obtención y la transmisión de datos. Por otro lado, en ese espacio poco mayor al de un pomelo, se guarda el misterio para comprender la vida, aunque considero que su sentido último y más profundo desborda lo que podamos conocer sobre el cerebro.

b) La evolución del cerebro en el tiempo

El cerebro humano no ha aparecido de pronto sobre la Tierra. Su compleja estructura y su intrincado funcionamiento es el resultado de una odisea, una increíble aventura, que ha durado más de 500 millones de años de constantes pruebas de azar y reajustes en ese laboratorio experimental que es la naturaleza.

Francisco Mora

La evolución del cerebro en el tiempo es un momento insignificante dentro de la aventura cósmica que se inicia hace 13500 millones de años. Todo lo existente, desde las galaxias hasta cada uno de nosotros, es parte de esa aventura. En un "simple grano de la gran polvareda sideral".

- Hace 4500 millones de años, se inicia el proceso de formación de la Tierra.

- Se necesitaron 3700 millones de años para dar lugar a los primeros organismos.

- Otros millones de años se necesitaron para dar lugar a la pre-vida:

- La célula con núcleo apareció en nuestro planeta hace 2700 millones de años.

- Los organismos pluricelulares y atisbos de células especializadas en detectar y responder a estímulos externos aparecieron hace 700 millones de años.

- Hace 600 millones de años sólo existían bacterias, algas y planctum.

- Las primeras células vertebradas tuvieron lugar hace 530 millones de años.

- Hace 500 millones de años, con los primeros vertebrados, aparece primer esbozo de cerebro; luego vendrían los reptiles (de quienes "heredamos" la parte inferior de nuestro cerebro) y las aves. Los mamíferos existen desde hace 200 millones de años.

Dentro del proceso de evolución filogenética, el cerebro de los vertebrados ha ido transformándose: se añadieron nuevas estructuras sobre las existentes y se potenció el desarrollo de unas u otras, según el modo de vida de cada especie. Según la teoría de Mac Lean y Laborit, tenemos tres cerebros en uno: el de origen reptileano (el paleocéfalo), que contiene estructuras de nuestros primeros antepasados; la herencia de los mamíferos (el mesocéfalo); y el córtex y neocórtex, que es la capa evolutiva más reciente.

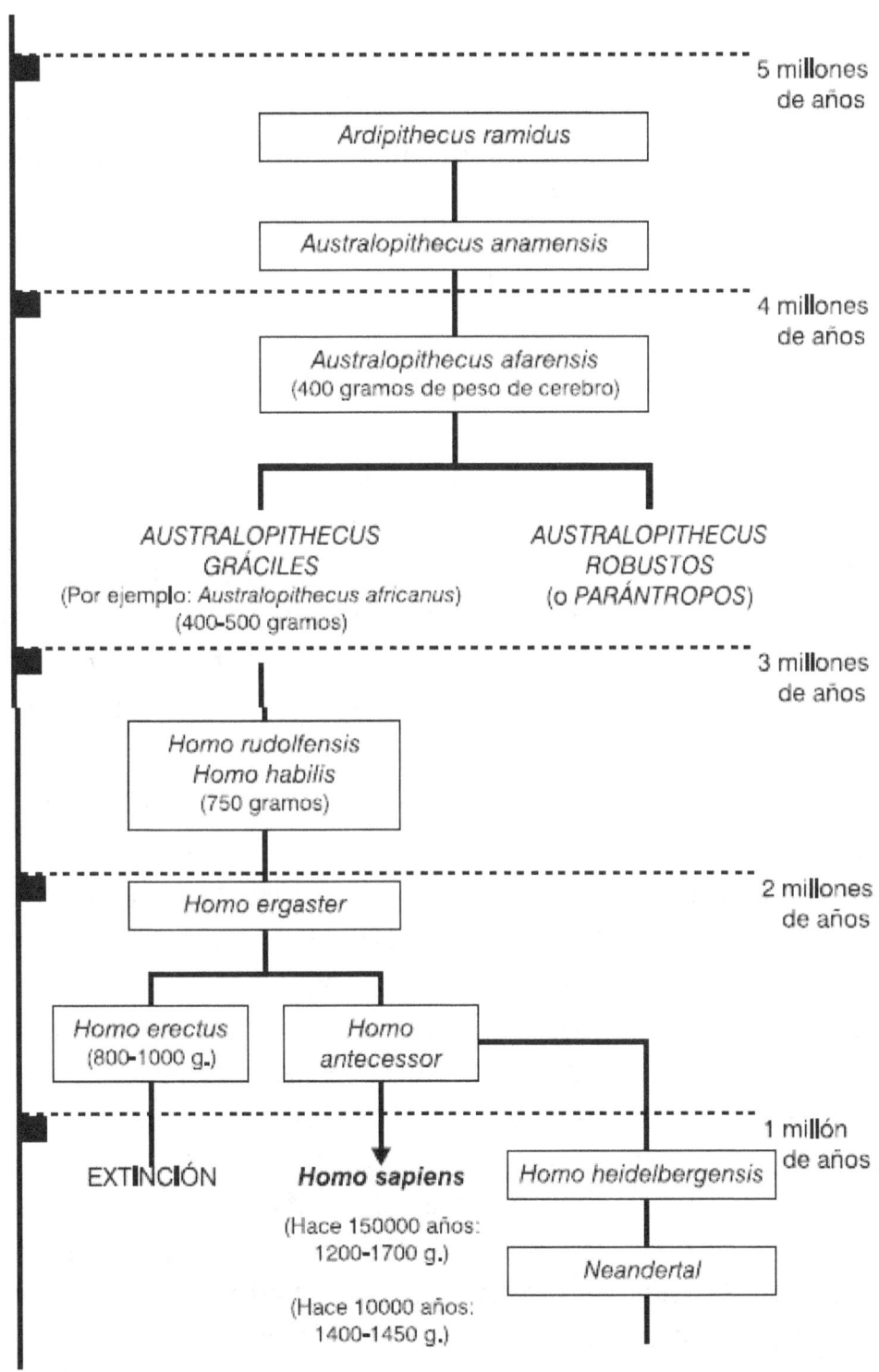

El cerebro ha ido creciendo desde abajo hacia arriba en su evolución filogenética. Las partes superiores son derivaciones de un nivel anterior de desarrollo evolutivo de los cerebros inferiores: de lo reptileano a lo límbico; de allí la configuración del córtex y neocórtex.

Hace 4,5 millones de años aparecen los homínidos, que culminan en el *Homo sapiens*, un recién llegado a la cosmogénesis hace apenas 150000 años. Para comprender mejor este proceso, presentamos un árbol de la evolución con el lugar que probablemente ocuparon en ella.

Progresión, regresión y reorganización del cerebro humano (según Francisco Mora)

Si nos atenemos a la evolución del cerebro humano, los investigadores contemporáneos consideran que es producto de un largo proceso que ha necesitado unas 8000 generaciones para dar el salto del *Homo sapiens sapiens* hasta los hombres y las mujeres del siglo XXI. En esta evolución, el cerebro se transformó en la más compleja y asombrosa creación de la evolución biológica, después de 400 millones de años de prueba y error.

Los estudios sobre el genoma humano revelan que la estructura del cerebro está "dictada" por más de 3000 genes distintivos. Esto equivale al 50% más que los de cualquier otro órgano. Por otro lado, durante 3 millones de años hasta llegar al más primitivo *Homo sapiens* que vivió hace unos 200000 años, aparece la anatomía craneal moderna y el cerebro llegará a aumentar cuatro veces su volumen, acompañado de un cambio paralelo de forma. Si bien tiene mayor tamaño, no es una réplica del cerebro más pequeño de los antecesores: es un nuevo diseño, cuyo principal rasgo distintivo es la expansión del lóbulo frontal, más específicamente del área prefrontal. La mayor parte del crecimiento tuvo lugar en el neocórtex prefrontal, donde residen las funciones superiores del cerebro. Esta nueva forma del cerebro supuso un salto evolutivo, pero una inteligencia plenamente humana aparece recién hace 50000 años. ¿Por qué la inteligencia humana necesitó más de 150000 años para emerger, cuando el cráneo (soporte del cerebro) era anatómicamente moderno?

Millones de años tuvieron que pasar tras un largo, lento y profundo proceso de transformación filogenética, para que tuviese lugar la aparición del cerebro humano. Gracias a él somos, pensamos y hacemos. De todos los seres vivos, al menos los que habitan en nuestro planeta, hemos podido estudiar su evolución, conocer el proceso de cosmogénesis del que formamos parte y situar el minúsculo momento de nuestra existencia, inserto entre los 13500 millones de años que tiene el Universo y los millones o miles de millones que le quedan (algunos cosmólogos predicen que la vida en nuestro planeta durará otros 90 millones de años como mínimo y 137000 millones como máximo).

3. Mirando el cerebro desde diferentes perspectivas

El cerebro es una masa de tejido blanco y gris, con la forma de un casco, del tamaño aproximado de un pomelo, con un volumen de entre 1000 y 2000 centímetros cúbicos y que, término medio, pesa 1,5 kilogramos... Su superficie está arrugada como la de una esponja de limpiar, y su consistencia es como la de un flan: lo suficientemente firme para no derramarse sobre el suelo de la caja craneana, lo suficientemente blanda para ser excavada por una cuchara.

Edward Wilson

Para redactar este parágrafo –y hacerlo de una manera adecuada para los propósitos de este libro– esbocé cuatro versiones diferentes: una resultó demasiado "erudita", con explicaciones que luego me parecieron innecesarias para ayudar a comprender la teoría de las IM. En el afán de que fuese accesible a todos, elaboré un texto que me pareció demasiado simplificado. En las otras dos versiones procuré resumir lo que me pareció más importante y pertinente de los descubrimientos que han hecho los investigadores sobre el tema. Escogí una, consciente de mis limitaciones para conseguir una versión global de lo que es el cerebro y que pueda ser útil a los destinatarios de este libro... Durante muchos años, como afición y entretenimiento, leí y reflexioné sobre temas relacionados con la astrofísica y la cosmología. Al escribir este parágrafo tomé consciencia de la compleja realidad que existe en mi cavidad craneana. Me extasiaba en la maravilla del Universo en expansión, y apenas conocía la galaxia que hay en mí y en todos los seres humanos.

Hay muchas perspectivas diferentes con las que podemos observar el cerebro. He escogido algunas, si bien se podría desplegar un abanico más amplio. El lector debe saber que todo cuanto le ofrecemos –como ya lo indicamos con anterioridad– es, apenas, el "abc" del conocimiento del cerebro.

a) Las áreas de la corteza cerebral (los lóbulos)

K. Brodman distinguió en la corteza cerebral humana, sobre una base anatómica e histológica, 11 áreas principales y 52 áreas menores. Aquí nos limitamos a considerar las cuatro áreas denominadas *lóbulos,* que recubren ambos hemisferios en la corteza cerebral.

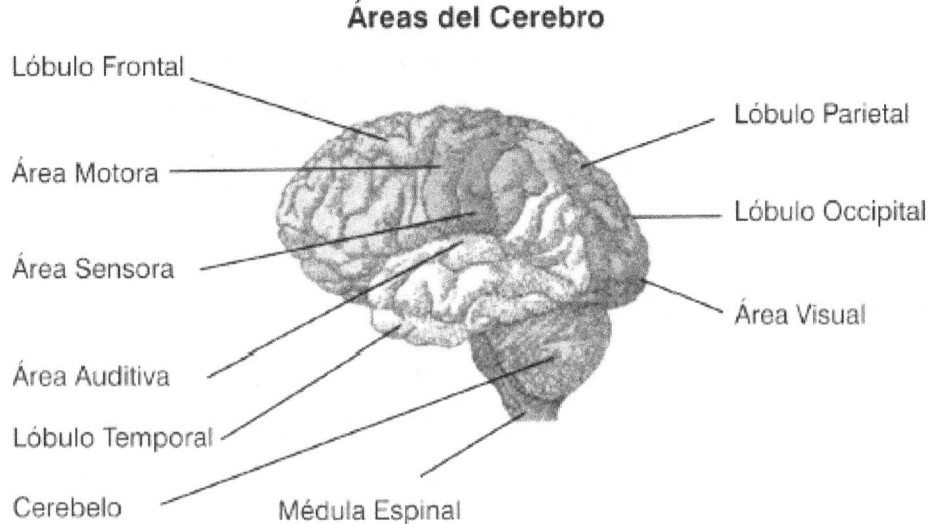

- **Occipital**: que se halla situado en la parte media trasera del cerebro; es el área del *procesamiento visual*.

- **Frontal**: es el área situada en la frente; está implicada en aspectos tales como *la creatividad, la resolución de problemas, el juicio* y *la planificación*.

- **Parietal**: situado en la zona trasera superior; sus actividades están relacionadas con el *tratamiento de funciones sensoriales y lingüísticas superiores.*

- **Temporales:** se encuentran tanto en el lado derecho como en el izquierdo; están por encima y alrededor de los oídos. Sus funciones principales son *la audición, la memoria* (almacenamiento de recuerdos), *el lenguaje* y *la escucha.*

Cabe advertir que las áreas del cerebro son muchas más que los lóbulos. Son –como lo explica Francisco Mora– "las regiones del cerebro determinadas por sus características anatómicas (lugar), histológicas, funcionales u otras".

b) Una mirada transversal del cerebro

Al mirar el cerebro desde lo que podría denominarse un corte transversal, y ateniéndonos a las partes en que se suele dividir, podríamos hacer referencia a tres estratos. Si bien ya advertimos que no existen tres cerebros (la tesis del cerebro triúnico no tiene vigencia en la actualidad), para explicar dicha imagen transversal nos parece que esta tesis puede sernos útil desde un punto de vista didáctico.

El complejo reptileano

Si comenzamos por la parte inferior, nos encontramos en primer lugar con el **tallo** o **tronco encefálico**, llamado también "cerebro inferior" o "cerebro reptileano" que, conforme con la teoría que en su momento formularon Mac Lean y Laborit, corresponde a la estructura que surgió en los reptiles durante la evolución. Está formado por el **bulbo raquídeo**, que es una extensión situada en la parte superior de la **médula espinal**. En la interacción entre el cerebro y la sustancia reticular se realiza el juego del sueño y el insomnio; de la atención y la distracción.

En el tronco encefálico existe una estructura, la médula, que regula las funciones vitales autónomas tales como la respiración, los latidos del corazón, la circulación, la digestión y los movimientos automáticos. Esta área del cerebro está relacionada con el instinto de supervivencia, la aptitud para los trabajos manuales, el espíritu de aventura, la resistencia física, la capacidad para concretar ideas, la puntualidad y la buena administración del tiempo, etc.

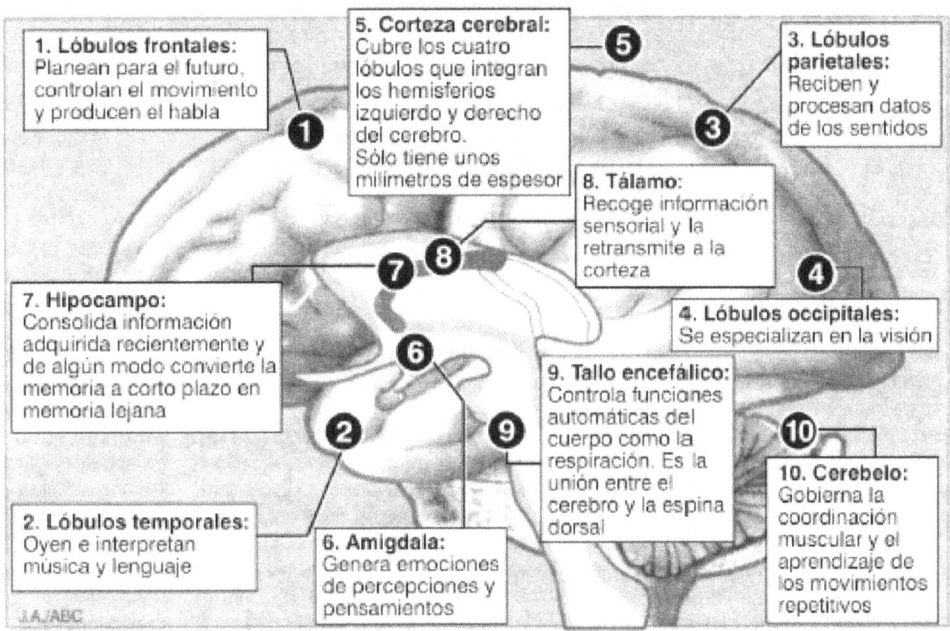

c) Las zonas funcionales

Los neurocientíficos consideran que uno de los principios básicos de la organización de nuestro cerebro es la **localización de funciones**. Actualmente se sabe que existe una clara división del trabajo en el cerebro y que todas las neuronas presentes en una región tienen la misma función. Ahora bien, ¿hasta qué punto las funciones mentales se han localizado en el cerebro?... Esta es la cuestión que ahora nos interesa, aunque una respuesta parcial se halla en el punto anterior.

Ante todo, quisiera señalar que, siendo tan importante determinar las funciones de las diferentes partes del cerebro, todavía hay un 75% de éste cuyas funciones no se han identificado.

El sistema límbico

Otro estrato fundamental del cerebro es el que recubre y rodea el tallo o tronco encefálico, y que ha sido denominado por algunos **sistema límbico** y por otros, mesencéfalo. En esta área central se encuentran una serie de estructuras "alojadas" dentro del cerebro que controlan nuestras conductas básicas:

- El **tálamo** es la mayor estructura en esta parte del cerebro. Se subdivide en tres partes: epitálamo, tálamo ventral y tálamo dorsal. Funciona enviando información a regiones del neocórtex y, a su vez, es trasmisor de los impulsos sensoriales del neocórtex. Su función principal es la integración senso-motriz y la organización de las impresiones sensoriales. Está asociado con la afectividad.

- El **hipocampo** une el desarrollo de la afectividad con la memoria a largo plazo. Está situado en lo más profundo del lóbulo temporal y ocupa un lugar central en el área cerebral. Tiene la forma de una luna creciente. Está muy implicado en el aprendizaje y en el registro de diferentes tipos de memoria. Las neuronas del hipocampo tienen la plasticidad necesaria para la memoria explícita.

- La **amígdala** está situada en el seno del lóbulo temporal, por encima del tallo encefálico y cerca de la base del anillo límbico; es –según Goleman– "el depósito de la memoria emocional y también un depósito de significado". Tiene forma de almendra y es una zona procesadora fundamental para los sentidos. Conectada con el hipocampo, activa la secreción de dosis masivas de noradrenalinas, con un enorme número de puntos receptores de opiáceos relacionados con el miedo, la ira y los sentimientos sexuales.

- El **hipotálamo** se encuentra situado debajo del tálamo y sobre la hipófisis, y aunque sólo tiene el tamaño de una cereza, es una especie de termostato que influye y regula el apetito, la digestión, la secreción de hormonas, la sexualidad, las emociones y el sueño.

La corteza o córtex

Es la superficie externa del cerebro, formada por los cuerpos neuronales. Está configurada por un mosaico de módulos especializados: unos procesan la información visual y otros, la auditiva; unos interpretan el lenguaje y otros captan la disonancia de una melodía.

Entra en contacto con el mundo exterior a través de los cinco sentidos. Así, por ejemplo, los ojos tienen sensores que envían señales eléctricas a la parte posterior del cerebro cuando llega a ellos la luz circundante. Los sensores de los sentidos, cuando detectan un cambio del mundo exterior, hacen que un sensor envíe un impulso por las fibras nerviosas hasta el cerebro. La información proveniente de la retina llega a los lóbulos occipitales ubicados en la parte posterior del cerebro (la zona más cercana de la nuca).

Ocupa de 1,3 a 4,5 milímetros de la superficie del cerebro. Es la zona más desarrollada del sistema nervioso, en donde tienen lugar la mayoría de las funciones cognoscitivas del ser humano. Esta parte del cerebro comprende lo que siente el ser humano y coordina sus movimientos. Se ha dicho que el neocórtex es "madre de las invenciones y padre de la abstracción" y que de él proceden "los frutos más maduros del arte, la civilización y la cultura". Estratificado en seis capas, aloja a los centros neuronales que integran la percepción de los sentidos y la elaboración del pensamiento. Se relaciona con la capacidad de argumentación, el razonamiento lógico y analítico, la habilidad para discernir, el autocontrol y la fluidez verbal.

Casi todos los fenómenos del pensamiento y la percepción se traducen en impulsos eléctricos nerviosos que se mueven en la corteza y a través de ella. Se los denomina "potenciales de acción".

Adosado por detrás del tronco encefálico en el área inferior trasera del cerebro, debajo del área occipital, se encuentra el **cerebelo**. Está vinculado con los movimientos de equilibrio, la coordinación muscular y la postura. Algunos investigadores sostienen que las bases de la memoria a largo plazo para el aprendizaje se localizan en él. Contiene programas para todos los movimientos que se aprenden, desde andar hasta tocar el violín.

Al cerebelo llegan unos 100000 estímulos por segundo, pero sólo un 3%, es decir, unos 3000 estímulos, llegan a la corteza cerebral para su análisis. Si todos ellos llegasen a la consciencia, enloqueceríamos en pocos minutos. Existe un diafragma que actúa como mecanismo neurofisiológico. Éste depende de tres factores: genético, cultural/ambiental y motivacional; este último se vincula con la percepción selectiva que hacemos en razón de nuestro proyecto de vida o nuestros intereses predominantes.

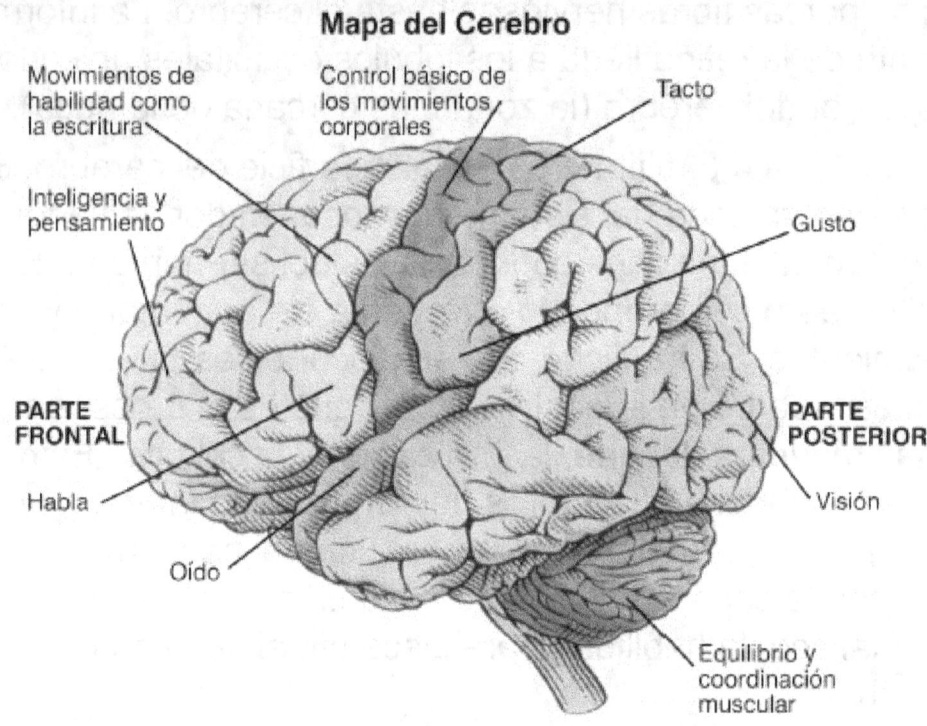

Este mapa del cerebro muestra las áreas del córtex cerebral y cuáles son sus funciones

d) Una nueva forma de penetrar en los misterios del cerebro gracias a la neurociencia cognitiva y a los avances de la tecnología

La confluencia del espectacular desarrollo de la biología, la genética y la neurociencia, por una parte, y los adelantos tecnológicos de exploración del cerebro, por otra, nos han permitido visualizar el cerebro, es decir, observar su funcionamiento. Para quienes vamos camino a ser octogenarios, teniendo en cuenta lo que conocíamos y sabíamos a los 30 años acerca del cerebro (que era bien poco, por cierto), estos avances nos parecen pura ciencia ficción, pues jamás hubiésemos imaginado poder "ver trabajar a las neuronas". He aquí una breve presentación de las nuevas técnicas de investigación neurológica que nos permiten una mejor y mayor comprensión de lo que acontece en el cerebro:

- **Tomografía por emisión de positrones** (antipartícula de electrón); PET es su sigla en inglés *(Positron Emission Tomography).* Con esta técnica se mide el consumo energético de las neuronas y su metabolismo, y se localizan las zonas de actividad con una resolución de 5 milímetros. Se lleva a cabo inyectando a la persona un compuesto radiactivo.

- **RMN**, que permite obtener imágenes por **resonancia magnética nuclear**, con la posibilidad de captar una imagen cada 50 milisegundos. Es una técnica no invasiva que produce imágenes claras y detalladas del cerebro. Tres factores permiten la creación de esas imágenes: un campo magnético intenso, ondas de radio y un ordenador. Con esta tecnología se puede estudiar el cerebro en distintos planos y el organismo no es expuesto a ningún peligro, como sucede con los rayos X. Con la RMN se estudia la estructura del cerebro, pero no su función. Esta técnica permite estudiar con alta precisión la mayoría de las lesiones cerebrales orgánicas.

- Imágenes logradas por resonancia magnética rápida (**MRI** o **IRM**), que convierte en imágenes luminosas la actividad del cerebro. Permite filmar con gran exactitud los procesos mentales desencadenados ante la motivación, el aprendizaje o el recuerdo.

- El **electroencefalograma** (EEG) es la técnica más antigua; permite un registro gráfico de la actividad eléctrica del cerebro mediante electrodos aplicados sobre el cuero cabelludo. A diferencia de las otras técnicas, no "ve" directamente la actividad de las neuronas.

- La **resonancia magnética funcional** es una técnica que muestra el funcionamiento cerebral. Cuando el cerebro se activa, las células exigen más sangre con sus nutrientes y estas variaciones del flujo cerebral pueden visualizarse a través de esta tecnología que ha revolucionado como procedimiento el estudio de la fisiología cerebral.

- La **magnetoencefalografía** es una técnica que permite localizar campos magnéticos muy débiles generados por redes de neuronas. Estudia el cerebro en su función con alta resolución espacial, pero agrega un factor más: tiene la capacidad de estudiarlo también con mayor resolución temporal; esto significa que, aunque los procesos cerebrales sean rápidos, su evaluación temporal es más precisa que la de la resonancia magnética funcional.

- Los **espectómetros** miden la especificidad de los productos químicos cerebrales o neurotransmisores cuando se produce alguna actividad.

A mediados de 2005 se hicieron públicos algunos proyectos para estudiar el cerebro, los cuales intentarán modelizar el funcionamiento y las interacciones de las células nerviosas del neocórtex. El proyecto BIO-i3 *(Bioinspired intelligent information systems)* de la Unión Europea tiene por objetivo realizar modelos simplificados de la actividad neuronal y estudiar, con la ayuda de circuitos integrados, la emergencia de las propiedades colectivas de las redes neuronales.

El programa *Blue Brain Project* es aún más ambicioso; su objetivo es modelizar el conjunto del cerebro para intentar reproducir el pensamiento humano. Para ello se utilizará un super-calculador, el Blue Gene de IBM, que puede tratar 22000 millones de operaciones por segundo. La simulación será efectuada utilizando gran cantidad de datos e información biológica disponible.

e) Los hemisferios cerebrales

Uno de los descubrimientos más importantes acerca del cerebro ha sido el relacionado con su carácter bi-hemisférico, es decir, su división en dos hemisferios. Cada uno de ellos controla la actividad de la mitad del cuerpo: el hemisferio izquierdo, la parte derecha, y el hemisferio derecho, la parte izquierda, como consecuencia de que los nervios que vienen del cuerpo se entrecruzan en la médula espinal antes de llegar al cerebro. De este modo, cada hemisferio cerebral dirige la parte contraria del cuerpo.

Si se observa el cerebro en su convexidad, se aprecia un surco medio profundo llamado "cisura interhemisférica", que divide los hemisferios. Si bien ambos son simétricos y las funciones de percepción y motricidad están igualmente distribuidas, existen en uno y otro (como explicaremos más adelante), procesos diferenciados en relación con determinadas funciones o facultades particulares. Ambos están interconectados mediante fibras nerviosas conocidas como "el cuerpo calloso" y otros puentes axionales que permiten el intercambio de información entre ellos.

Hace casi tres décadas, el neurofisiólogo norteamericano Roger W. Sperry (ganador del Premio Nobel de Medicina en 1981), desarrolló la teoría de los hemisferios cerebrales; conforme con los conocimientos de que hoy disponemos, ambos hemisferios responden de manera totalmente diferente y en tiempo dispar a los estímulos y la información, siendo un proceso también desigual el que concierne a la elaboración del pensamiento humano y la configuración del comportamiento. Se diferencian y se complementan en el funcionamiento de nuestra mente.

Desde el punto de vista de la práctica educativa, este conocimiento acerca de la actividad diferenciada de cada hemisferio reviste gran importancia, en tanto podemos potenciar el aprendizaje si estimulamos ambas partes y, de ese modo, obtener una visión más rica y completa de la realidad. Los estudios más recientes han puesto de manifiesto que la diferenciación funcional de los hemisferios cerebrales no es tan marcada como se había pensado inicialmente. Por eso, conviene utilizar la palabra "preferentemente" cuando se describen los procesos que desarrolla cada hemisferio.

No existen funciones opuestas sino complementarias; ambos actúan como una unidad sinérgica. Prueba de ello es que la mayoría de las actividades que realizamos requieren la intervención conjunta de las funciones localizadas en los dos hemisferios.

Los procesos neurocognitivos que se desarrollan preferentemente en cada hemisferio cerebral

En el hemisferio izquierdo radican las áreas específicas que rigen funciones como las tareas lingüísticas (la lectura, la escritura) y todo lo que concierne al desarrollo lineal, lógico y racional del pensamiento, especialmente en la resolución de problemas que requieren seguir un valor: el cálculo, la aritmética, las operaciones analíticas, la percepción de esquemas significativos, la categorización y síntesis de la disposición ordenada de las secuencias (el procesamiento es secuencial), la construcción de significados a través de la organización de signos lingüísticos. Al ser la matemática un lenguaje simbólico secuencial como el verbal, se relaciona preferentemente con este hemisferio. También está vinculado con los procesos cuantitativos y privilegia el pensamiento digital.

Teniendo en cuenta el carácter bi-hemisférico del cerebro, es en el hemisferio izquierdo donde se encuentran los tres centros relacionados con el lenguaje:

- En el **área de Wernicke** se seleccionan las palabras que se hallan acumuladas en la memoria verbal:

    – si se trata de escribir, la orden es enviada a los músculos de la mano;

    – si se trata de hablar, entra en acción el **área de Broca**, que controla el lenguaje articulado.

- Cuando participa la vista, actúa el centro conocido como **circunvalación angular**, que establece un enlace entre el área de Wernicke y la corteza visual.

En el hemisferio cerebral derecho se produce la conceptualización holística, la percepción global. Éste procesa preferentemente imágenes visuales y espaciales (de ahí que sea responsable de los análisis espaciotemporales), interviene en el proceso musical y en actividades artísticas en las que lo visual es prioritario. También participa en el procesamiento de los cuentos, los chistes y las paradojas. En él tiene lugar lo imaginativo, lo sensual, lo creativo, lo impulsivo, lo espontáneo. Es intuitivo, resuelve problemas sin analizar los datos, procesa el lenguaje no verbal, la atención subliminal no consciente y la actividad primaria. Capta las percepciones, las emociones y las sensaciones de forma más desestructurada. Imagina, fantasea; el procesamiento es simultáneo. Contribuye al pensamiento creativo y privilegia la lógica analógica.

Los impactos de la televisión en la estimulación de los hemisferios cerebrales

Sabemos que cualquier modificación en las circunstancias o el entorno de cada persona –considerados desde la perspectiva de la evolución de la sociedad y la cultura a través de los tiempos o de la vida misma de cada ser humano– tiene la capacidad para modelar los circuitos cerebrales. En esa circunstancia/entorno de la persona, se incluye lo educativo y lo cultural (entre otras cosas) y, especialmente, la televisión. Ahora bien, frente a esta diferenciación cerebral, cabría preguntarse si el hecho de ver televisión tiene una misma forma de efecto y estimulación en ambos hemisferios, o si esta estimulación es diferente en uno y otro.

Desde el punto de vista sensorial, mientras se usan los dos campos visuales, el estímulo óptico llega con la misma intensidad a los dos hemisferios. Sin embargo, la forma neurofisiológica de percepción, según los estudios más fidedignos, estimula en mayor medida el funcionamiento del hemisferio derecho, en tanto aporta una aproximación espacial, global y emocional a la realidad, y produce una cierta inhibición en el izquierdo, en tanto requiere en menor grado del pensamiento analítico y la lógica formal.

¿En qué medida esto es así? ¿Qué consecuencias acarrea en el desarrollo del cerebro de los niños antes de los doce años, edad en que parece que se produce la especialización de los hemisferios? Dejemos a un lado estos interrogantes, para los cuales no tenemos respuestas... Lo que nos parece demostrable es que esta diferente forma de estimulación genera consecuencias psicológicas (configuración del comportamiento y la personalidad), con incidencias en el campo de la pedagogía y en todas las formas de intervención social. Hay aquí un amplísimo campo para investigar.

Queremos recordar que, en la cultura occidental, desde la civilización griega y a partir del desarrollo del pensamiento racional, fue estimulado el del hemisferio izquierdo. Con la aparición de la televisión (casi 2500 años después de iniciarse el proceso al que acabamos de aludir), ¿podremos presumir que retornaremos al predominio del hemisferio derecho, con todo lo que ello implica?... Lo dejamos como un interrogante abierto a nuestra búsqueda y reflexión. Por otro lado, una afirmación de esta naturaleza pareciera no tener suficientemente en cuenta que es muy baja la activación cerebral que produce la televisión.

4. En el nivel microscópico del cerebro se encuentra su significado y su realidad más profunda: las neuronas

Ramón y Cajal, maravillado por la complejidad de las neuronas, las llamó poéticamente "las mariposas del alma". En ese nivel microscópico se encuentran las propiedades fundamentales del cerebro y del sistema nervioso.

a) Las mariposas del alma

En esa gigantesca máquina neuronal, en ese supersistema con cientos de sistemas y subsistemas que es el cerebro, las neuronas son las grandes protagonistas. Con formas y tamaños muy diversos, se relacionan entre sí en una especie de telar mágico constituido por dendritas y axones, cuyas conexiones se denominan sinapsis. Desde el punto de vista morfológico, organizacional y funcional, configura un conjunto más sofisticado que el Universo mismo. Una neurona típica se conecta con otras 10000; en nuestro cerebro existen 100000 millones de neuronas y diez veces más de **gliales**, células no neuronales que actúan como adhesivo de las neuronas (*glia* es la partícula resumida de "neuroglia", que, en griego, significa "sustancia viscosa", "pegamento"). Los gliales hacen de capa aislante de las neuronas, además de proporcionarles "alimento". Llamadas también interneuronas, pueden formar su propia red de comunicación.

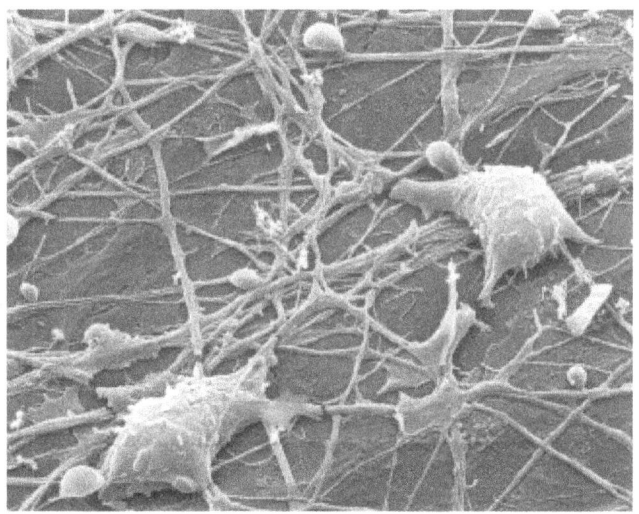

Produce vértigo pensar en la cantidad de conexiones que existen. Los axones y las dendritas son el cableado por el que se produce el flujo de corriente electroquímica a través del cual se comunican las neuronas. Si ellas no "hablasen entre sí", no habría actividad cerebral. Esta comunicación se produce por una corriente o impulso nervioso que libera una sustancia química llamada neurotransmisor. Este impulso cruza el hueco en un milisegundo, estimula la neurona del otro lado de la sinapsis y se desencadena el proceso de impulsos. El axón conduce el impulso en sentido centrífugo y, a través de una dendrita, éste va centrípetamente hacia el cuerpo de la neurona.

Este sorprendente y fascinante proceso ocurre en el cerebro, en nuestro cerebro; en ti, que lees este libro; en mí que lo estoy escribiendo y no puedo sustraerme a la fascinación que me produce aquello que acontece en ese espectacular circuito electrónico que es mi cerebro (y el tuyo, por supuesto).

b) Estructura de las neuronas y su proceso de acción

Las neuronas son células separadas entre sí, que nunca llegan a tocarse físicamente, pero que se comunican mediante conexiones físicas. Cada neurona está compuesta de tres partes: el soma, las dendritas y los axones.

- El **soma** (o cuerpo neuronal compacto), es el sitio donde, localizado centralmente, se aloja el núcleo de la célula, que mide entre 5 y 10 m de ancho. Está contenido dentro de una doble membrana denominada membrana núcleo y es allí donde se sintetizan las enzimas y se realizan las funciones vitales de la célula. Dentro del soma existen una serie de estructuras rodeadas por una membrana, que reciben el nombre de organelas y dentro del núcleo se encuentran los cromosomas. Una organela muy abundante son las mitocondrias, a través de las cuales se produce la respiración celular. El cuerpo celular de una neurona típica tiene un diámetro aproximado de 20 m. El soma posee dos tipos de prolongaciones, las dendritas y los axones, que permiten la comunicación entre las neuronas mediante conexiones físicas de entrada y salida.

- Las **dendritas** son prolongaciones filamentosas muy cortas en forma de árbol, que reciben información como terminal receptor de las señales de un gran número de neuronas. En cada célula existen muchas dendritas que se ramifican alrededor del cuerpo celular.

- Los **axones** son filamentos extensiones de la neurona que conecta con otras dendritas; comienzan en una región denominada cono axonal. Son neuritas especializadas en la conducción de los impulsos nerviosos o potenciales de acción, normalmente en dirección contraria al soma. Cada neurona tiene un solo axón, que parte de un único sitio del soma y se ramifica profusamente, pudiendo formar sinapsis con miles de neuronas. La longitud de los axones es variable: desde menos de un milímetro hasta un metro y medio (los que inervan el pie desde la médula espinal); la mayoría mide alrededor de un centímetro. Muchos están envueltos en una capa de grasa llamada "funda de mielina", que aísla los axones y les permite transmitir más rapidez a los impulsos nerviosos. Los axones posibilitan que se lleve información hacia el cerebro, a través de las neuronas receptoras, y desde el cerebro hacia el cuerpo, a través de las neuronas motoras.

- A la comunicación entre neuronas se la denomina **sinapsis**. Las dentritas y los axones son los que permiten estas relaciones, que constituyen el punto de contacto entre dos terminales nerviosas; es allí donde se produce el cambio de información entre una neurona presináptica (que transmite señales) y otra postsináptica (que recibe señales). Cuando un impulso nervioso atraviesa la dendrita, hace que la sinapsis libere sustancias químicas llamadas neurotransmisores.
  Este cambio puede ser de dos tipos, ya sea que se trate de sinapsis químicas o eléctricas:

    – A través de la **sinapsis química**, que acontece cuando una neurona libera un neurotransmisor en la cavidad sináptica, que es detectado por otra neurona a través de los receptores situados en el lado opuesto al lugar de la liberación. El terminal presináptico contiene mitocondrias y abundantes vesículas sinápticas, que son organelas revestidas de membranas que contienen neurotransmisores.

– También puede darse una transferencia directa de una célula a otra, a través de localizaciones especiales llamadas uniones de comunicación, que permiten el libre flujo de iones desde el citoplasma del terminal presináptico hacia el citoplasma del terminal postsináptico hasta el citoplasma de otra. Se denomina **sinapsis eléctrica**.

*Estos dos tipos de sinapsis difieren en su estructura y en la forma en que transmiten el impulso nervioso. Por otro lado, existen **sinapsis inhibidoras** y **sinapsis excitadoras** de acuerdo con la sustancia neurotransmisora producida, cuando se trata de la sinapsis química. Estas funciones (inhibición o excitación) revisten gran importancia para el funcionamiento del cerebro, puesto que detienen o estimulan la capacidad de las neuronas para disparar señales a través del axón.*

Precisamente los **neurotransmisores** son otra particularidad del sistema nervioso. Se trata de una sustancia endógena almacenada en la terminal axónica que comunica las células entre sí a través de impulsos electroquímicos. Los especialistas consideran que existen más de noventa neurotransmisores que actúan en las sinapsis. Sólo haremos referencia a los más importantes:

- La **acetilcolina**, el neurotransmisor más abundante y más importante de la sinapsis neuromuscular, está implicada en la formación de la memoria a largo plazo.

- La **dopamina** afecta el movimiento muscular, el crecimiento, la recuperación de los tejidos y el sistema inmunológico.

- La **serotonina**, tiene como funciones principales la contracción cardíaca y las funciones antidepresivas.

- La **noradrenalina** o **norepinefrina** participa en la liberación de hormonas que aumentan la reactividad de ciertas regiones cerebrales relacionadas con la felicidad, la libido, el apetito y el metabolismo corporal; estimula el proceso de memorización y el funcionamiento del sistema inmunológico.

- El **L-glutamato** es la principal vía de biosíntesis del ácido gamma-aminobutírico (GABA); participa en la excitación y la inhibición de las neuronas; un bajo nivel de este neurotransmisor produce una reducción del rendimiento físico y mental.

- El **GABA-AGAB** (acrónimo del ácido gamma-aminobutírico) tiene una acción inhibitoria sobre el sistema nervioso central y juega un papel importante en los procesos de relajación, sedación y sueño.

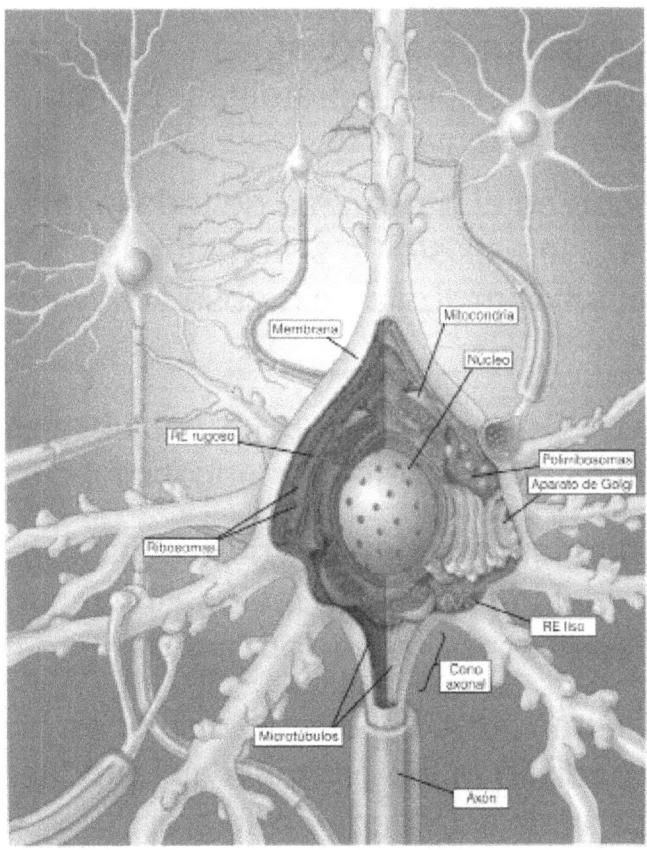

Cada neurona recibe numerosos estímulos de excitación o inhibición de los neurotransmisores. La suma de todos ellos determina si la corriente pasará o si no lo hará.

c) El cuerpo celular de las neuronas

Cabe distinguir en toda neurona un cuerpo y prolongaciones, elementos que describiremos más detenidamente en el parágrafo siguiente. Como en toda célula, el núcleo está recubierto por una membrana. En él se encuentran los cromosomas (el material genético), la información para el desarrollo de la célula y la síntesis de las proteínas que la célula necesita para su sustento y supervivencia.

Dentro del cuerpo celular de las neuronas, los **nucléolos** tienen **ribosomas**, corpúsculo citoplasmático cuyos componentes principales son el ARN (ácido ribonucleico) y proteínas en igual proporción, y pequeñísimas cantidades de lípidos.

En cuanto a los **gránulos de Nissl**, son grupos de ribosomas utilizados para la producción de proteínas. En estados patológicos, la cantidad de éstos es mayor.

Para el transporte en el citoplasma de todo lo que existe en la célula fuera del núcleo, existe un sistema de tubos denominados **retícula endoplasmática**. Ésta es rugosa si hay ribosomas; si no los hay, es lisa.

- El **aparato de Golgi** es la estructura celular responsable de la segregación de glicoproteínas y mucopolisacáridos.

- Los **microfilamentos/microtóbulos** constituyen el sistema responsable del transporte de materiales dentro de la neurona; también pueden ser utilizados en la estructura de la célula.

- Por último, como parte del cuerpo celular de la neurona, se halla la **mitocondria**, una organela que produce la energía necesaria para las actividades celulares.

d) Algunas clasificaciones de los tipos de neuronas

Las neuronas se clasifican en monopolares, bipolares y multipolares, según el cuerpo de éstas tenga una o más prolongaciones citoplasmáticas por las que "camina" el impulso nervioso, debido a diferencias de potencial. Como hemos explicado ampliamente en otro apartado, el paso de una neurona a otra se realiza mediante un neurotransmisor.

Hay dos tipos principales de neuronas: las **neuronas motoras**, que envían información desde el cerebro hacia el cuerpo en general y estimulan el movimiento de algunos miembros, y las **neuronas receptoras**, que reciben información desde los órganos de los sentidos (tacto, oído, vista, olfato y gusto) y convierten el estímulo físico que llega a las células especializadas de cada órgano (células receptoras) en el estímulo electroquímico de las neuronas, que se transmite hacia las zonas especializadas del cerebro. En la piel, las células receptoras son las propias terminaciones nerviosas; en la vista, son células (conos y bastones) que envían la información de la impresión luminosa hacia las terminales de las neuronas sensoriales. Existen, además, **interneuronas**, que juegan un papel intermediario entre las neuronas sensoriales y las motoras.

e) Las ondas cerebrales

El cerebro nunca descansa, ya sea que estemos durmiendo, participando en una prueba atlética o investigando en un laboratorio. La energía siempre fluye en él con el fin de establecer conexión con el mundo exterior, según el estado en que nos encontremos. Esa conexión se establece por señales eléctricas, es decir, por ondas que emite el cerebro. Las ondas cerebrales han sido clasificadas en cuatro categorías:

- **Beta**: tienen lugar cuando uno está en estado de alerta y concentración, atención y excitación. Cuando la frecuencia supera los 25 HZ (herzios), las ondas son llamadas beta-altas y se asocian con las crisis de ansiedad y con la agresividad.

- **Alfa**: corresponden al estado de relajación y meditación; tienen una frecuencia de 8 a 13 HZ. Son producidas cuando se está despierto pero en reposo.

- **Teta**: corresponden a la fase de transición de la vigilia al sueño; las frecuencias son de 4 a 7 HZ.

- **Delta**: se producen durante el sueño profundo; tienen una frecuencia menor a 4 HZ.

f) Peculiaridades de las neuronas respecto de otras células del cuerpo

Cuando se comparan las neuronas (en tanto células del sistema nervioso) con las otras células del cuerpo, se encuentran algunas peculiaridades:

- Cada neurona tiene completa individualidad con respecto a las otras.

- Son las células más largas: miden de 4 a 100 micras.

- Poseen prolongaciones especializadas: dendritas y axones.

- Presentan estructuras específicas para la sinapsis y para la neurotransmisión.

- Cada neurona conecta con otras neuronas en un número aproximado entre 1000 y 10000.

- En su funcionamiento normal, procesan, integran y generan información en forma continua.

- Algunas áreas del cerebro hacen crecer nuevas neuronas o las regeneran en determinadas circunstancias.

Para enfrentarse a las bases biológicas de la cognición, es necesario ir más allá de las neuronas individuales y considerar cómo se procesa la información en redes neuronales.

Esto requiere no sólo los métodos y las aproximaciones de la neurociencia celular y de sistemas, sino también los métodos y los conocimientos de la psicología cognitiva.

E. KANDEL, J. SCHWARTZ Y TH. JESSEL

Anexo
Para comprender las dimensiones del mundo microscópico del cerebro

Unidad			
Kilómetro	km	10^3 m	
Metro	m	1 m	
Centímetro	cm	10^{-2}	
Milímetro	mm	10^{-3}	
Micrómetro	μm	10^{-6}	Casi en el límite de la resolución del microscópico óptico.
Nanómetro	ηm	10^{-9}	Casi en el límite de la resolución del microscópico electrónico.

El cerebro será el gran protagonista de la ciencia en el siglo XXI. Estamos a punto de tocar las bases de la consciencia; el gran dogma del imposible reemplazo de las neuronas ha caído, y las investigaciones con células madre se perfilan como una gran esperanza para enfermedades neurodegenerativas como el alzheimer y el parkinson.

Malén Aznárez

Capítulo 3
¿Qué es la inteligencia?

Consideraciones preliminares para introducirnos en el tema de la inteligencia

1. Los estudios sobre la inteligencia: desde la filosofía y la psicología, pasando por la biología, hasta la neurociencia cognitiva

2. Algunas respuestas y conceptualizaciones acerca de lo que se entiende por inteligencia

3. Las grandes cuestiones que comporta la problemática del conocimiento

4. La inteligencia, el pensamiento y la consciencia

5. Lo innato y lo adquirido; la herencia y el medio en el desarrollo de la inteligencia

6. Los fracasos y las desventuras de la inteligencia

Consideraciones preliminares para introducirnos en el tema de la inteligencia

Siguiendo una buena y vieja tradición, juzgamos necesario hacer algunas consideraciones preliminares con el propósito de lograr una mejor comprensión del tema que vamos a tratar en este capítulo. La primera de ellas no tiene otra intención más que explicitar algunos aspectos referidos a mi búsqueda de respuesta acerca de lo que es la inteligencia. Dicha búsqueda ha tenido un itinerario similar al de otras personas del campo de la psicología, la sociología y la antropología, de acuerdo con lo que he conversado y dialogado con algunos de esos profesionales. Estas cortas consideraciones servirán para explicar y explicitar el marco de referencia desde el cual intento dar respuesta al tema de la inteligencia. No lo presento como una respuesta definitiva, sino como lo que hoy veo (2005)... Aun cuando voy en camino de ser octogenario, es probable que antes de terminar el peregrinar de mi existencia tenga una visión, una perspectiva y un enfoque diferente o más matizado y elaborado, si es que la vejez no oscurece antes mi inteligencia.

Durante buena parte de mi vida, hasta finales de los años noventa, cuando pensaba o hablaba de la inteligencia y cuando trataba este tema en alguno de mis cursos, mis conferencias o mis libros, siempre lo hacía desde lo que la psicología aportaba sobre el tema. En algunas ocasiones, incorporaba conocimientos o perspectivas provenientes de la filosofía.

Un primer contacto con Piaget me abrió una nueva perspectiva, debido a que su pensamiento parte del hecho de la existencia de un puente entre la biología y el conocimiento, al tiempo que, de manera explícita, sostiene que "no hay ninguna especie de frontera entre lo vital y lo mental, entre lo biológico y lo psicológico".

Posteriormente, la obra de Howard Gardner y lo que se llamó el "proyecto Harvard" ofrece una nueva perspectiva más allá de la filosofía y la psicología, en cuanto a la concepción de la inteligencia; se apoya en fundamentos biológicos, fisiológicos, neurológicos, bioeléctricos y bioquímicos. Esto me llevó a repensar lo que hasta ese momento creía saber acerca de la inteligencia.

Esta nueva forma de considerar la inteligencia me hizo recordar un trabajo de Santiago Ramón y Cajal, de 1894, en el que sostenía que "para leer el alma [en mi reflexión puse 'inteligencia' en lugar de 'alma'] había que levantar la tapa de los sesos". A pesar de que Ramón y Cajal no se refería a la inteligencia, hay en él –como Bunge lo recuerda al comienzo de su libro El problema mente-cerebro– una "interpretación psicológica de los rasgos de la morfología celular del tejido nervioso".

Este nuevo horizonte que se abría ante mí, de acuerdo con la propuesta de Ramón y Cajal de "estudiar el espíritu en la materia", me predispuso favorablemente para "estudiar la inteligencia en el cerebro". Al no encontrar límites entre la mente y la materia, uno está abierto a encontrar los correlatos neuronales de la inteligencia (también del pensamiento y la consciencia), conforme lo que Francis Crick explica muy bien en una frase de su libro La búsqueda científica del alma (1994): "Usted, sus placeres y sus penas, sus recuerdos y sus ambiciones, sus sentimientos de identidad personal y de libre voluntad, no son de hecho más que el comportamiento de un enorme conjunto de células nerviosas y de moléculas que éstas llevan asociadas".

La segunda consideración es de otra naturaleza. Si nos introducimos en el estudio de la inteligencia, después de la lectura de una treintena de libros, constatamos que no existe un concepto unívoco de ésta. Se han propuesto muy diversas definiciones, lo que pone de manifiesto las dificultades que existen para definir la inteligencia. Algunos –como el físico y neurólogo William Calvin– han llegado a la conclusión de que "nunca habrá un acuerdo universal sobre una definición de la inteligencia, porque es un vocablo abierto; lo mismo ocurre con la consciencia".

Teniendo en cuenta esta dificultad y esta limitación universal para encontrar una zona de acuerdo mínimo acerca de lo que es la inteligencia, haremos un breve recorrido (incompleto, por cierto) sobre lo que de ella se ha dicho, para expresar finalmente mi postura acerca del tema. De ningún modo pretendo superar ninguna teoría ni el pensamiento de otros autores que definieron la inteligencia. Mi propósito es decir lo que pienso, como una respuesta provisional para seguir buscando y para mejor comunicarme con quienes lean este libro.

1. Los estudios sobre la inteligencia: desde la filosofía y la psicología, pasando por la biología, hasta la neurociencia cognitiva

No vamos a hacer un recorrido histórico acerca de los estudios sobre la inteligencia; no serviría para nada a los propósitos de este libro. Sin embargo, conviene conocer los cambios tan profundos y radicales que se han producido en relación con las disciplinas que estudian la inteligencia.

Hasta el siglo XIX, se trató de averiguar la naturaleza de la inteligencia a partir de la filosofía. Todo lo que se escribió durante varios siglos sobre la inteligencia fue parte de la reflexión filosófica acerca de la concepción del hombre, y el método utilizado fue la introspección. Quizás una de las pocas excepciones sea el libro del médico y escritor español Juan de Huarte (1529-1588), que se ocupó de la inteligencia desde una perspectiva no filosófica. En su libro *Examen de ingenios para las ciencias* (1575), cuyo tema central era el hecho de que la mayoría de las personas realizaban actividades y desempeñaban funciones careciendo de una aptitud adecuada, para lo cual era necesario seleccionar y asesorar a quienes tenían esas responsabilidades. Su libro tuvo tal repercusión fuera de España, que Gotthold Lessing, más de un siglo más tarde, lo tradujo al alemán por considerarlo de actualidad (podríamos decirlo incluso en el año 2005).

Retomando la filosofía aristotélica en el siglo XIII, Tomás de Aquino consideró que la psicología (parte de la filosofía) era la ciencia del alma, idea que fue aceptada durante mucho tiempo, mientras duró la influencia de la escolástica.

Volviendo a las consideraciones filosóficas sobre la inteligencia, la *Enciclopedia filosófica* –publicada en Italia en 1957 por el Centro di Studi Filosofici di Galiarte– nos proporciona una visión general de las diferentes respuestas filosóficas que L. J. Bischof considera más importantes, a saber: la inteligencia como poder de abstracción, análisis y síntesis; como formadora de ideas generales; como facultad para dar respuestas justas desde el punto de vista de la realidad, o bien como facultad para comprender, inventar y criticar.

En el *Vocabulaire Technique et Critique de la Philosophie* (1960) de Lalande, se presenta una visión global de lo que, desde la filosofía, se considera la inteligencia, descrita como "el conjunto de todas las funciones que tienen por objeto el conocimiento, en el sentido más amplio de la palabra: sensación, asociación, memoria, imaginación, entendimiento, razón, consciencia".

Es en el siglo XIX cuando la psicología deja de ser una rama de la filosofía; consecuentemente, lo que se dice de la inteligencia deja de estar formulado a partir de la filosofía. Tal como sucede en otras disciplinas, la psicología, atraída por el prestigio de las ciencias positivas, cambia radicalmente de perspectiva al reivindicar la necesidad de utilizar métodos empíricos para el estudio de la mente. Es así como, en 1879, W. Wundt funda en la Universidad de Leipzig el primer laboratorio experimental de psicología, cuyos temas de estudio eran las sensaciones, la atención, la afectividad y la asociación. A fines del siglo XIX, se volvieron a estudiar experiencias subjetivas (memoria, atención, aprendizaje, percepción, etc.).

Poco a poco, la psicología comienza a centrar su interés en el estudio de los fenómenos observables, habida cuenta de que la pretensión –conforme con el espíritu del tiempo– es hacer de la psicología una ciencia objetiva. En esta línea se inserta el conductismo o behaviorismo, corriente en la que culmina la más rigurosa tradición empírica. La psicología se circunscribe al estudio de la conducta humana (*the science of behavior*). Aun cuando el término ya había sido utilizado, la concepción central o núcleo duro de esta concepción (formulado por primera vez por Watson en 1913, en un artículo considerado el manifiesto del nuevo planteamiento psicológico). Su método de estudio se limita al análisis de los fenómenos que, en un individuo, son objetivamente observables y operacionales.

Todas las observaciones que pueden llevarse a cabo sobre el comportamiento humano se reducen a procesos fisiológicos que sostienen las reacciones. Las leyes de la conducta humana se rigen por el principio estímulo-respuesta. Esta primera forma de expresión del conductismo –sin lugar a dudas, extremadamente reduccionista– tuvo una serie de reajustes y reformulaciones del mismo behaviorismo a partir de los años treinta, aunque con anterioridad, Watson, al entrar en contacto con los reflexólogos rusos, introdujo la idea de respuestas condicionadas.

El behaviorismo operacional sostiene que toda afirmación de carácter psicológico sólo tiene validez si se funda en operaciones concretas reproducibles. Dentro de esta corriente, no se excluye la subjetividad considerada como variable intermedia entre el estímulo y la respuesta. Por su parte, el llamado behaviorismo molecular (bajo la influencia de la Gestalt) formula un esquema de análisis estímulo-respuesta mucho más complejo al introducir la intervención de los factores propios de los organismos, lo que, a su vez, influye en las actividades del sujeto. B. F. Skinner y su libro *Behavior of Organism*, es la obra que más interesa, habida cuenta de la gran influencia que tuvo en el campo de la psicología del aprendizaje. Decíamos que en esta última fase de la evolución del conductismo, tuvo gran influencia la psicología de la forma (Gestalt), que supone una superación de la psicología atomista y el asociacionismo vigente en ese entonces, caracterizado por el desmenuzamiento del psiquismo. La Gestalt parte del supuesto de que el conjunto (el todo) es "vivido" antes que las partes o los elementos singulares. El significado que cada parte o elemento adquiere es por su participación en un conjunto. Las cosas son concebidas y percibidas como un todo, como una Gestalt, y no como elementos unidos por asociación.

Poco a poco, se va percibiendo un atisbo de que la psicología irá ocupando un espacio entre la biología y la sociología. Sin embargo, la psicología fenomenológica se desarrolla en el marco de una filosofía, la fenomenología de Husserl centrando sus estudios en la descripción de las funciones de la consciencia, considerando la situación, condiciones y relaciones significativas en las que está inserto el individuo.

Pavlov, interesado en la psicofisiología, procura que la psicología sea una ciencia experiemental. Tanto él como Watson, Eysenck y otros autores, buscan el sustrato fisiológico, sensorial y endocrino de los procesos psíquicos. La reflexología pavloviana, aplicada a la educación, ha pretendido sustituir las conductas primitivas por otras más elaboradas que responden mejor a las condiciones y exigencias de la vida social.

En la psicología comprensiva de Dilthey –y que desarrolló Spranger en el llamado personalismo–, destaca la importancia del "comprender" y de las motivaciones en los individuos, al margen de los estímulos externos. La comprensión y las motivaciones son diferentes en los distintos tipos humanos: teórico, económico, estético, social, político y religioso.

El psicoanálisis, que tanta influencia ha tenido en el campo de la psicología con el estudio de los factores emocionales inconscientes que conforman la conducta y el pensamiento de los individuos, no hizo aportes de consideración sobre los factores cognitivos.

Con Piaget –como ya lo indicamos– desaparece la frontera entre lo psicológico y lo biológico. "Toda explicación psicológica –nos dice en su libro *Psicología de la inteligencia*, Buenos Aires, Psique, 1971– termina tarde o temprano por apoyarse en la biología." La obra de Piaget es como el último puente que nos lleva a la neurociencia como disciplina principal (no única) para el estudio de la inteligencia.

Dentro de esta evolución de la psicología que apenas hemos esbozado, surge en los años sesenta y setenta la psicología cognitiva, cuyos estudios sobre la inteligencia constituyen el aporte proveniente del ámbito de la psicología que más se relaciona con la teoría de las IM, al centrar sus análisis en las modalidades de procesamiento de la información y el estudio del conocimiento humano, sus orígenes, sus componentes y su desarrollo.

En la actualidad, como luego explicaremos más ampliamente, gracias a la neurociencia, la psicobiología y los descubrimientos neurológicos, se han profundizado los conocimientos sobre el cerebro, la mente humana y la inteligencia. Ya no se estudia esta última desde una perspectiva filosófica ni psicológica, sino mediante la neurociencia, la psicobiología y otros saberes anexos (ver punto 3 de este capítulo). Estamos asistiendo a una nueva era en el estudio de la inteligencia; se la aborda como un aspecto particular del conocimiento de los seres humanos. Sin embargo, como lo advirtió Gardner, "intentar cambiar la definición que la psicología tiene de la inteligencia es como intentar mover las lápidas de un cementerio".

2. Algunas respuestas y conceptualizaciones acerca de lo que se entiende por inteligencia

Esta pregunta ha encontrado distintas respuestas en los diferentes autores que trataron de definir su alcance y su significado. Esto revela, como es obvio, que no existe un concepto unívoco de inteligencia. Sin que sea una respuesta, podemos intentar una primera aproximación a este concepto, haciendo referencia a la etimología del término. La palabra "inteligencia" viene del latín *intelligentia,* del verbo *intelligere*: *inter* ("entre"), *legere* ("escoger", "captar", "leer"). En sentido lato, designa la capacidad para escoger una u otra cosa. Leonardo da Vinci ha dicho que la inteligencia es *"sapere vedere"* ("saber ver").

Esto nos ofrece una primera aproximación al tema de la inteligencia. Recordar algunas definiciones también podría ayudarnos a comprender las dificultades que acarrea lograr un acuerdo acerca de lo que ésta significa. Comenzamos con las que nos brindan algunos diccionarios: "Capacidad o eficacia, aptitud para triunfar en la vida o para plantearse problemas (prácticos o no). Suele considerarse como uno de los tres aspectos de la realidad psicológica: intelectual, afectivo, voluntario o activo" (*La psicología moderna de la A a la Z*). "Capacidad para entender, comprender e inventar que permite al hombre su apertura a la realidad, al conocimiento reflexivo, la personalización de la conducta y la invención de la cultura" (*Diccionario Espasa de Medicina*). "Cualidad de un organismo vivo que le permite afrontar y resolver problemas, en particular los nuevos y poco conocidos, por medios adaptados a sus propias necesidades y con un mínimo gasto de esfuerzo, tiempo y energía" (*Diccionario de Sociología,* de H. Pratt Fairchild). "Capacidad del sujeto para adaptarse a un ambiente o a varios, para realizar abstracciones, pensar racionalmente, solucionar problemas, aprender nuevas estrategias por medio de la experiencia o llevar a cabo comportamientos dirigidos a metas" (*Diccionario de Psicología,* Océano).

Otras definiciones tomadas de diccionarios:

- "Destreza, habilidad, capacidad."

- "Capacidad para adaptarse aprendiendo de la experiencia."

- "Facultad de aprender, aprehender o comprender, percepción, aprehensión, intelecto, intelectualidad."

- "Facultad de conocer y aprender."

- "Acto de entender, habilidad y experiencia."

- "Calidad y capacidad para comprender y adaptarse fácilmente al medio y a las circunstancias."

- "Capacidad de resolver situaciones problemáticas nuevas mediante la reestructuración de datos perceptivos."

- "Constructo o conceptualización abstracta de las diferentes capacidades del individuo en el campo del pensar."

Algunas definiciones propuestas por los psicólogos:

- "Capacidad para reaccionar de forma rápida ante los cambios del medio, para valorar las posibles soluciones para cada cuestión y percibir nuevas relaciones entre los aspectos de un problema" (Christopher Evans).

- "La inteligencia es lo que mide un test" (Binet).

- "Es la capacidad para resolver, por el pensamiento, problemas nuevos" (Cleparède).

- "Capacidad para desarrollar pensamientos abstractos" (Lewis Terman).

- "Llamo inteligencia a la capacidad de un sujeto para dirigir su comportamiento, utilizando la información captada, aprendida, elaborada y producida por él mismo" (José Antonio Marina).

- "Capacidad para adaptar el pensamiento a nuevos requerimientos como la capacidad psíquica general de adaptación a nuevas tareas y a nuevas condiciones de vida" (B. W. Stern).

- "La inteligencia es un comportamiento adaptativo dirigido a un fin" (Robert Stenberg).

- "Capacidad para comprender y establecer significaciones, relaciones y conexiones de sentido" (Wenzl).

- "La habilidad para aprender ciertos actos o para ejecutar otros nuevos que sean funcionalmente útiles" (M. Stoddard).

- "La inteligencia es un grupo de complejos procesos mentales definidos tradicionalmente como sensación, percepción, asociación, memoria, imaginación, discernimiento, juicio y razonamiento" (M. E. Haggerty).

- "La inteligencia como arte estratégico es la aptitud para pensar, tratar y resolver problemas en situaciones de complejidad" (Edgard Morin).

- "La inteligencia implica la habilidad para resolver problemas, generar nuevos problemas para resolver o para elaborar productos que son de importancia en un contexto cultural o en una comunidad determinada" (Howard Gardner).

- "Mientras que con el término 'intelecto' se designa predominantemente la 'capacidad de pensamiento', la palabra 'inteligencia' designa las actividades psíquicas relativas a la razón en un sentido potencial y dinámico" (Friedrich Dorsch).

Tratar de sistematizar todo lo que se ha escrito sobre la inteligencia en torno a la concepción que se tiene de su naturaleza sería una tarea titánica e inabarcable. Sin embargo, los análisis y debates suscitados en relación con este tema y las respuestas que se han dado, podrían clasificarse en seis grandes bloques. Cabe recordar que toda clasificación o uso de modelos es una simplificación de la realidad. En este caso, se simplifica el conjunto de conceptualizaciones que se han hecho acerca de la naturaleza de la inteligencia. No obstante, estos procedimientos ayudan a ir al meollo de la cuestión y a orientarnos para entender las diferentes formas en que se ha definido la inteligencia, aunque con alguna frecuencia existe una mezcla de estos criterios clasificatorios. En una misma definición, se puede considerar la inteligencia como capacidad para resolver problemas y para establecer relaciones sociales. Como se ha dicho, distinguimos seis categorías, aunque algunos autores integren algunas de ellas:

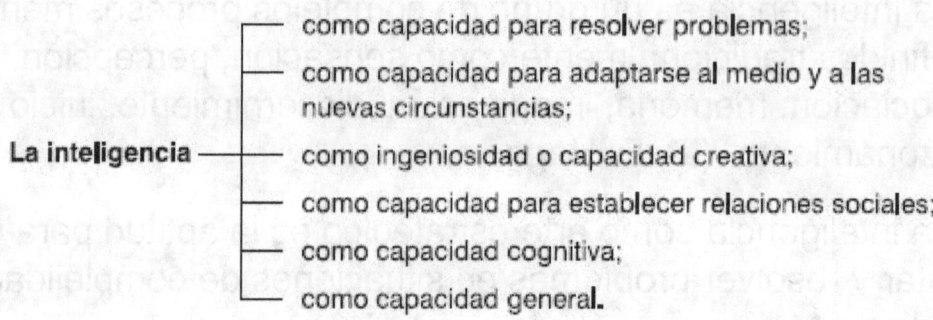

La inteligencia como capacidad para resolver problemas

La definición más admitida acerca de lo que es la inteligencia es aquella que la considera como la capacidad para resolver problemas. Muchos de los investigadores y psicólogos que así la definen han sido y son profesionales especialmente interesados en cuestiones relacionadas con el aprendizaje y el pensamiento.

Según esta idea o enfoque acerca de la naturaleza de la inteligencia, consideran que ésta se expresa fundamentalmente como la capacidad para aplicar conocimientos en torno a la resolución de problemas y dificultades que se afrontan en la vida. La inteligencia sería "un saber hacer con lo que uno sabe".

La inteligencia constituye, pues, una forma de enfrentar situaciones nuevas que el entorno o medio plantea y que exigen respuestas prácticas.

La inteligencia como capacidad para adaptarse al medio y a las nuevas circunstancias

Desde esta perspectiva, se considera la inteligencia como el aprendizaje o la capacidad para aprender a adaptarse al medio, de manera flexible y a la vez útil y valiosa, especialmente cuando se trata de situaciones nuevas. La inteligencia así entendida es la que ha permitido a los seres humanos sobrevivir en condiciones muy adversas, a pesar de no estar particularmente dotados desde el punto de vista físico.

La inteligencia como ingeniosidad y capacidad creativa

La inteligencia (o ser inteligente) consiste en la capacidad para realizar innovaciones valiosas o de enriquecer el acervo cultural. Algunos le dan un alcance más amplio a la idea de ingeniosidad y creatividad: no sólo se trata de aplicar la ingeniosidad a lo artístico y a lo científico/tecnológico, sino a todos los ámbitos de la vida humana, expresada en situaciones excepcionales y en la vida cotidiana.

Esta respuesta acerca de la naturaleza de la inteligencia está estrechamente referida al procesamiento de información y al estilo cognitivo del individuo, capaz de generar ideas y propuestas útiles y valiosas. Una respuesta inteligente es lo contrario de una respuesta repetitiva (esto se piensa o se hace así, porque siempre se pensó o se hizo así).

La inteligencia como capacidad para establecer relaciones sociales

Esta concepción de la inteligencia está estrechamente ligada con la tesis de Daniel Goleman, según la cual las emociones, y no el cociente intelectual, son la base de la inteligencia humana. Las emociones tienen un papel central en el conjunto de aptitudes necesarias para vivir. Más aún: ellas constituyen la aptitud vital básica. A este tipo de inteligencia, Goleman la llamó "inteligencia emocional".

La inteligencia emocional se expresa en el autocontrol, el entusiasmo, la perseverancia, la sociabilidad, la capacidad de actuación en situaciones adversas, la capacidad para motivarse y, sobre todo, la capacidad de empatía. Constituye el vínculo entre los sentimientos, el carácter y los impulsos.

La habilidad social clave es la empatía, la comprensión de los sentimientos de los demás, lo que implica asumir su punto de vista y respetar las diferencias existentes en el modo en que las personas experimentan sus sentimientos.

La inteligencia como capacidad cognitiva

La inteligencia, según esta forma de concebirla, se manifiesta por la posesión de habilidades intelectuales que suponen capacidad lógica de razonamiento y amplitud de conocimientos generales.

La capacidad cognitiva es también capacidad de abstracción. Cuanto más inteligente es el individuo, mayor es su capacidad de abstracción. Asimismo, es la habilidad para pensar y aprender, y saber emplear con acierto la información y los conocimientos que se poseen.

La inteligencia como capacidad general

Esta concepción de la inteligencia, se identifica como la posesión del factor "g" o factor general.

Dentro de este enfoque, algunos autores diferencian la capacidad general ("g") y las capacidades específicas. La inteligencia general o inteligencia fluida es innata, no verbal y aplicable a diferentes contextos o situaciones. La inteligencia cristalizada se refiere a las habilidades o capacidades específicas que se adquieren a lo largo de la vida a través del aprendizaje.

Con esta presentación de la diversidad de formas de conceptualizar la inteligencia, se pone de relieve lo que decíamos al comienzo de este parágrafo: no existe un concepto unívoco de inteligencia. Pero hemos de indicar que la mayoría de las definiciones relacionan la inteligencia con la capacidad intelectual, ya sea en términos de capacidad de juicio, de asociación o de desarrollo de pensamientos abstractos. No son pocos los autores que en sus definiciones incluyen también la capacidad de adaptación, junto con la de resolución de problemas. Otros incluyen en lo cognitivo la creatividad.

Sin embargo, en los últimos años –principalmente a partir de las investigaciones realizadas en la Universidad de Harvard, los aportes de Howard Gardner sobre las inteligencias múltiples (tema central de este libro) y de Daniel Goleman sobre la inteligencia emocional–, la concepción acerca de la inteligencia se ha ampliado enormemente y su fundamentación es diferente de la que hasta ahora había tenido lugar. Por otro lado, es ampliamente aceptado que existen diversos tipos de inteligencia en cada persona y con diferentes desarrollos. Ya no consideramos la cognición humana como unitaria, ni podemos describir a las personas como poseedoras de una única inteligencia. Esto significa que la inteligencia es multidimensional. Dicho con más precisión: en cada ser humano existen múltiples inteligencias y sus capacidades son diferentes según los tipos de inteligencia dominantes.

Para completar este capítulo en el que nos preguntamos qué es la inteligencia, nos parece oportuno hacer otras consideraciones ajenas a la teoría de Gardner y del Proyecto Harvard.

En primer lugar –y aunque se hable de la inteligencia en general– conviene hacer dos tipos de distinciones, que encontramos en la obra de José Antonio Marina, uno de los más relevantes investigadores españoles sobre el tema:

- Por una parte, distinguir en cada persona su **capacidad intelectual**, que puede ser estructuralmente más o menos elevada, o más o menos limitada, y, por otro lado, el **uso que hace** de ella.

Esta distinción reviste gran importancia, puesto que lo que cuenta en la vida es cómo utilizamos nuestra inteligencia. Una persona puede usar apenas una parte de su capacidad intelectual y, en el caso extremo, como explica Marina, "puede utilizar su inteligencia estúpidamente".

También tenemos que distinguir entre:

- el uso privado de la inteligencia, que se rige por criterios privados y tiene metas personales;

- el uso público de la inteligencia, que se rige por criterios públicos y busca evidencias universales.

Este uso tiene que ver con lo que el autor entiende por inteligencia social, comunitaria o compartida, y que en otros trabajos relacionamos con el concepto de capital social (sentimiento de pertenencia al lugar en que se vive, el cual lleva a que cada uno lo sienta como algo propio, que le concierne y que debe cuidar). "No se trata –dice Marina– de la inteligencia que se ocupa de las relaciones sociales, sino de la inteligencia que surge de ellas... es una inteligencia conversacional."

Por poco que ahondemos en el análisis sobre el tema de la inteligencia, nos encontramos con dos cuestiones que no son tratadas en la teoría de las IM, pero cuyo tratamiento estimamos es insoslayable si queremos encuadrar la temática de la inteligencia en un marco referencial más amplio:

El conocimiento contiene...
- Una *competencia* o aptitud para producir conocimiento.
- Una actividad cognitiva que se efectúa en función de esta competencia.
- Un saber resultante de esas actividades.

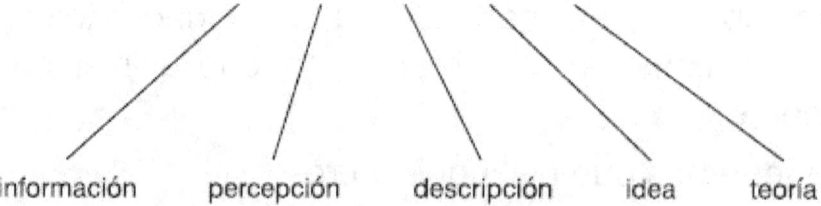

Consecuentemente, no puede quedar reducido a una sola noción

información   percepción   descripción   idea   teoría

- La necesidad de considerar las grandes cuestiones que comporta la problemática del conocimiento, para una comprensión más profunda de la inteligencia.

• La ligazón que existe con otras dos actividades cerebrales: el pensamiento y la consciencia.

A estos dos temas dedicaremos los parágrafos siguientes.

3. Las grandes cuestiones que comporta la problemática del conocimiento

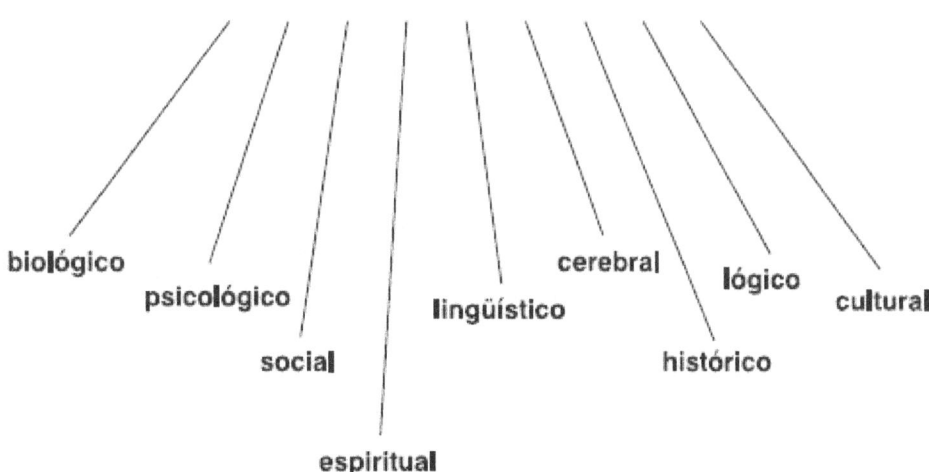

A partir de Morin, vamos a presentar cuatro grandes cuestiones que nos pueden proporcionar una visión del conjunto de la problemática del conocimiento:

- Lo que el conocimiento contiene.

- Los procesos que configuran todo evento cognitivo.

- Los saberes separados acerca del conocimiento del conocimiento.

- Puntos de reflexión para pensar la complejidad y la multidimensionalidad del conocimiento.

a) Lo que el conocimiento contiene

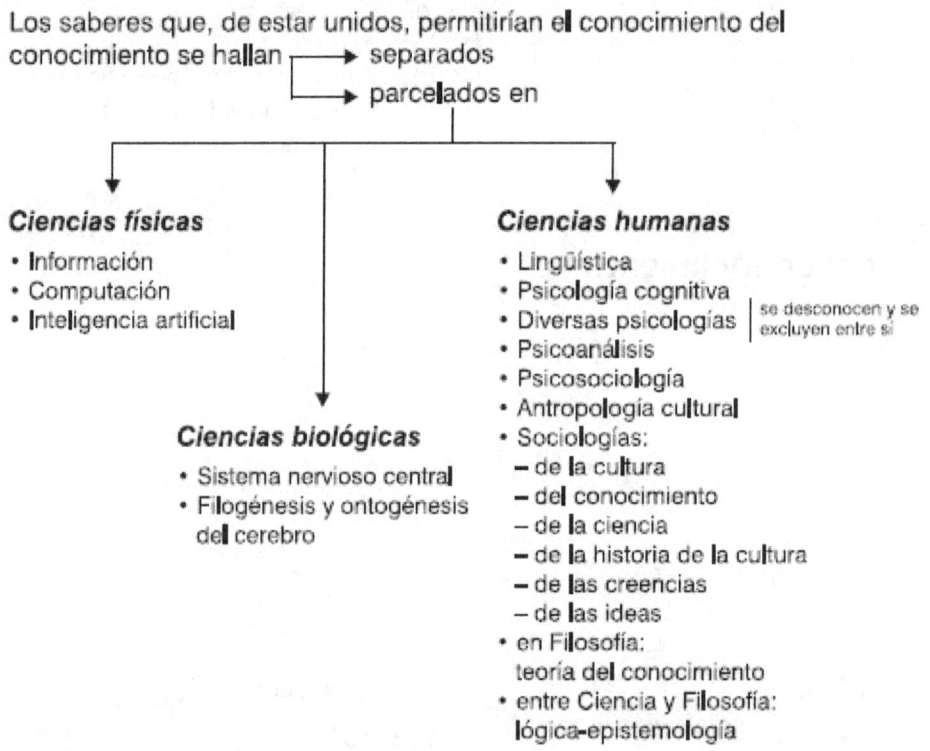

En cuanto nos introducimos en lo referente a los contenidos del conocimiento, nos encontramos con que el conocimiento alude a tres aspectos diferentes, pero inseparables: es una **competencia** (o sea, una habilidad para una cosa o estar instruido en ella), es una **actividad** que un individuo realiza de acuerdo con su desarrollo cognitivo y su competencia, y, como resultado de ambas, todo conocer es un **saber** acerca de algo. Estas diferentes dimensiones del conocer nos deben prevenir para no caer en su simplificación a una sola noción.

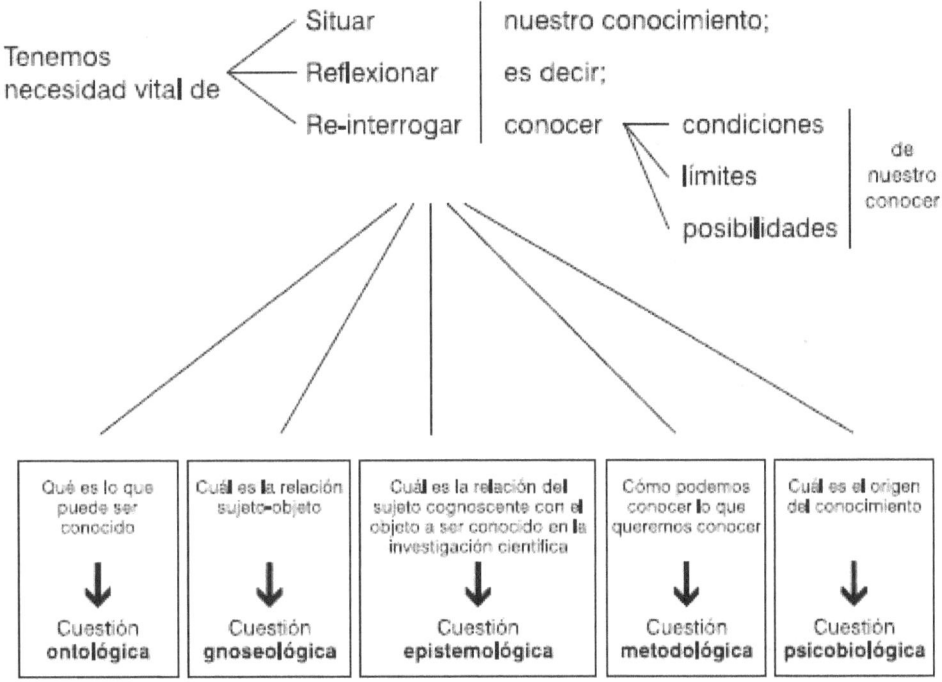

b) El conocimiento como conjunción de procesos y como fenómeno multidimensional

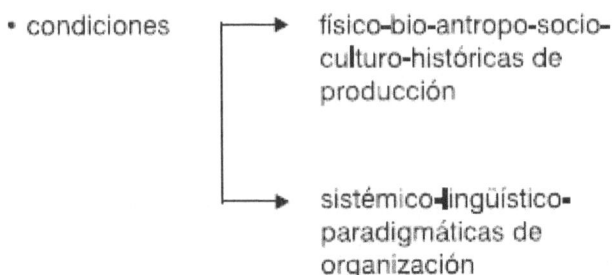

En el estado actual, acerca del conocimiento del conocimiento, hay dos aspectos que nos introducen en el corazón mismo de su complejidad:

- La conjunción de procesos que tiene lugar en el acto o el hecho de conocer.

- La multidimensionalidad del fenómeno.

Para Morin, estos son los procesos y las dimensiones del acto de conocer:

Se trata de un fenómeno multidimensional, habida cuenta de que el acto de conocimiento es a la vez:

LA INTELIGENCIA...
[como arte estratégico...]

Es la aptitud para pensar, tratar y resolver problemas en situaciones de complejidad.

Tiene necesidad de recursos no inteligentes:
- información
- memoria
- experiencia
- imaginación.

Cualidades de la inteligencia
- capacidad para aprender por uno mismo (auto-hetero-didactismo);
- aptitud para jerarquizar lo importante y lo secundario;
- saber utilizar medios con vistas a un fin;

- aptitud para combinar la significación de un problema (reduciéndolo a un enunciado esencial) y el respeto a su complejidad (diversidad, interferencias, incertidumbres);
- aptitud para reconsiderar la propia percepción y concepción de la situación;
- aptitud para utilizar el azar;
- aptitud sherlock-holmesiana para reconstruir una configuración global, evento o fenómeno a partir de huellas o indicios fragmentarios;

- aptitud para considerar diferentes posibilidades del futuro y elaborar eventuales escenarios teniendo en cuenta incertidumbres y el surgimiento de lo imprevisible;
- la "serendipidad": dar prueba de perspicacia en situaciones inesperadas;
- aptitud para enriquecer, desarrollar, modificar la estrategia en función de las informaciones recibidas y de la experiencia adquirida;

- aptitud para reconocer lo nuevo sin reducirlo a esquemas de lo conocido, y capacidad para situar lo nuevo en relación con lo conocido;
- aptitud para afrontar/superar situaciones nuevas e innovar de manera propia;
- aptitud para reconocer lo imposible, discernir lo posible y elaborar escenarios que asocien lo inevitable y lo deseable;
- utilizar inteligentemente los recursos no inteligentes (información, memoria, experiencia, imaginación).

Suertes y desventuras de la inteligencia

Se ha llamado *bêtise* a la carencia de ciertas aptitudes clave:

- incapacidad para aprender de la experiencia y sacar provecho de los propios errores;
- incapacidad para modificar los propios esquemas mentales en función de la diversidad y la novedad de las situaciones;
- la selección de falsos problemas y de falsos criterios en detrimento de los verdaderos y la acumulación de datos inútiles;
- la pérdida de vista de los fines en el uso de los medios y la incapacidad para concebir medios adecuados para los fines.

EL PENSAMIENTO...
[como arte dialógico...]
[como arte de la concepción...]

Actividad específica del espírituhumano que se despliega en la esfera de:

- *el lenguaje*
- *la lógica*
- *la conciencia.*

Como arte dialógico

• Asocia incesantemente en sí, de manera complementaria, procesos virtualmente antagonistas, que tenderían a excluirse mutuamente.

• Este dinamismo dialógico ininterrumpido, se expresa en procesos antagonistas. He aquí la tabla que nos revela el diálogo del pensamiento y el carácter complejo de la actividad pensante:

Diálogo del pensamiento entre

distinción	relación
diferenciación	unificación
análisis (parte)	síntesis (todo)
individualización	generalización
particularización	universalización
abstracto	concreto
previsión	vago
certidumbre	incertidumbre

deducción	inducción
particular / general	general / particular
lógico	analógico
lógico	translógico
explicación	comprensión
separación	participación
objetivación	subjetivación
verificación	imaginación
racional	empírico
racional	irracionalizable
racional/empírico	simbólico/mítico
consciente	inconsciente

Como arte de la concepción

- Transforma lo conocido en concebido, es decir, en pensado... engendramiento por el espíritu humano de una configuración original que forma una unidad organizada.

- El espíritu humano concibe un fenómeno o un problema en función de principios/reglas, teorías, ideas, nociones, palabras, discursos, y a partir de métodos y estrategias cognitivas.

- El pensamiento es, a la vez, uno/múltiple, polimorfo, abierto, versátil; puede aplicarse a todos los problemas, modificar sus estrategias y utilizar en forma diversa sus aptitudes según el tipo de problemas que encuentre.

- La concepción necesita un espíritu ingenioso (en su estrategia), ingeniero (en su aptitud organizadora) y, en sus más altas formas creadoras, genial.

- El pensamiento creador consiste en ver lo que todo el mundo ha visto y pensar lo que nadie ha pensado... Hay pensamiento vivo en todos aquellos que perciben por sí mismos. En ese sentido, el pensamiento es y sigue siendo una actividad personal y original.

LA CONSCIENCIA...
[como arte reflexivo...]

Producto y productora de una reflexión. Es una vuelta del espíritu sobre sí mismo a través del lenguaje; un pensamiento capaz de retroactuar sobre el pensamiento. Última emergencia de la mente humana, es epifenoménica para nosotros al mismo tiempo que nos resulta esencial.

Es un bucle auto (cerebro-psico) productor que, en sí mismo, constituye el metasistema superior aunque interior al sistema cerebro-espiritual, y que permite la autodescripción, la autocorrección y el autodesarrollo del conocimiento del pensamiento, de la psicología y del comportamiento del ser consciente.

Parece haber dos ramas de la consciencia:

– la consciencia cognitiva (conocimiento de las actividades del espíritu por estas mismas actividades);

– la consciencia de sí (conocimiento reflexivo de sí).

Una toma de consciencia es más que una adquisición de conocimiento: es un acto reflexivo que moviliza a la consciencia de sí y compromete al sujeto a una reorganización crítica de su conocimiento, incluso a una nueva puesta en cuestión de sus puntos de vista fundamentales.

Su fragilidad es estar sujeta a todos los errores posibles del conocimiento humano, agravados incluso porque la consciencia cree encontrar en sí misma la prueba de su verdad y de su buena fe.

> El enemigo de la consciencia no sólo es el sujetamiento de la mente por una cultura; está también en el interior de la mente (represión, memoria selectiva, autoengaño). La consciencia está comprometida en el juego cada vez más complejo de la verdad y el error.

c) Los saberes separados acerca del conocimiento del conocimiento

Es mucho lo que se ha avanzado en las diferentes disciplinas acerca del conocimiento. Sin embargo, lo que ha acontecido es que se han producido desarrollos paralelos: en buena medida, cada especialista ignora a los otros. En algunos casos, se enfatiza lo que se conoce o se ha investigado desde la propia disciplina; y, desde un porciúnculo del saber sobre el conocimiento, se lo quiere explicar en su totalidad. También aquí Morin nos aporta una visión global de saberes –parcelados y separados– que nos permite obtener información acerca del desafío, aún pendiente, de unir estos saberes dispersos.

Cada uno de los fragmentos separados ignora el rostro global del que forma parte.

Todas estas consideraciones, que hemos realizado apoyados fundamentalmente en Edgard Morin, tienen el propósito de ayudarnos a reflexionar, con más elementos de juicio y con mayor profundidad, sobre las cuestiones fundamentales acerca del conocimiento y, consecuentemente, del tema que nos ocupa y preocupa: la actitud científica como estilo de vida.

d) Puntos de reflexión para pensar la complejidad y la multidimensionalidad del conocimiento

Frente a la complejidad y la multidimensionalidad del conocimiento:

El **conocimiento** depende de:

En este parágrafo apenas hemos esbozado la problemática sobre el conocimiento del conocimiento, con dos propósitos principales: ofrecer una visión conjunta acerca de ésta y poner de manifiesto su complejidad y multidimensionalidad.

4. La inteligencia, el pensamiento y la consciencia

En este punto también nos apoyamos en Morin, para quien la inteligencia, juntamente con el pensamiento y la consciencia, constituyen actividades del cerebro: "Son interdependientes y cada una supone y comporta a las demás." Esta es nuestra opción – teórica y conceptual– para considerar el tema de este parágrafo, en el que nos limitamos a resumir y presentar de una manera didáctica lo que él expone en *El método* (vols. III y V).

Dentro de la temática central de este libro surgen, al hablar de la consciencia, muchos interrogantes que siguen constituyendo uno de los grandes enigmas de nuestro cerebro y, al mismo tiempo, uno de los grandes desafíos de la neurociencia: ¿Cuál es la naturaleza de la consciencia? ¿Qué tipo de procesos neurológicos la explican? ¿Dónde "está" la consciencia; en qué lugar del cerebro reside? ¿Existen neuronas con propiedades específicas para generar la consciencia? ¿Será posible que algún día podamos estudiarla experimentalmente?

5. Lo innato y lo adquirido; la herencia y el medio en el desarrollo de la inteligencia

Desde hace más de cuatro décadas, se viene considerando que el desarrollo de la inteligencia (algunos prefieren hablar del desarrollo de la personalidad) depende de dos categorías de factores que han sido denominados de manera diferente, y que también influyen en el desarrollo del cerebro:

- lo innato y lo adquirido;
- la herencia y el medio;
- el potencial genético y el entorno o la circunstancia;
- la transmisión genética y el aprendizaje social;
- los condicionamientos biológicos y los socioculturales.

Existe un acuerdo que podemos considerar unánime entre psicólogos, sociólogos, antropólogos, etc., acerca de la existencia de estos dos factores. Lo que se discute en torno a esta cuestión es lo siguiente: ¿cómo se combinan estas influencias, ¿cuál de estos dos factores ejerce mayor influencia?, ¿cómo se calibra la influencia de cada uno de ellos?

Como respuesta a esta cuestión, se formularon a lo largo de varios siglos dos tesis contrapuestas: la que enfatizaba lo adquirido y la que, por el contrario, consideraba que lo decisivo en el desarrollo de la inteligencia era la herencia. Algunos, apoyados en una tradición que nació con Aristóteles y se desarrolló en el Renacimiento con John Locke, consideraron que la herencia no tenía ninguna influencia. El ser humano es pura indeterminación, puesto que viene al mundo como una hoja en blanco (*tanquem tabula rasa*). Más cerca de nosotros en el tiempo, el fundador del conductismo, John Watson, sostenía que, a través de una educación adecuada, era capaz de convertir a cualquier niño en cualquier tipo de ser humano o capacitarlo para cualquier tipo de profesión con total prescindencia de la idiosincrasia genética.

Por el contrario, Francis Galton, en su libro *Hereditary Genius* (1869), sostiene que los genios y los superdotados dependen más de la herencia que del medio. Este autor creyó demostrar que las aptitudes elevadas se suceden en las familias. Así, por ejemplo, mencionó el hecho de que, de 42 pintores famosos (italianos, españoles y flamencos), 21 de ellos tuvieron familiares o parientes ilustres. Algo similar ocurre en el campo de la música: Bach, Beethoven, Mozart, Mendel y Haydn forman parte de familias que se han destacado por excepcionales aptitudes musicales. La familia Bach aportó, en 8 generaciones, 57 nombres ilustres para la historia de la música. Los ejemplos de Galton corresponden también a estadistas (en el caso de Macanley: abuelo, padre, tío, primo y sobrino), filósofos (Aristóteles y Bacon), sabios (Darwin). La herencia desempeña un papel importante para adquirir determinadas capacidades, pero han existido individuos que han desarrollado sus capacidades en un campo determinado sin que en su familia hubiese alguien que se haya destacado en ese ámbito.

El debate acerca de cuánto de innato y cuánto de adquirido hay en la inteligencia de cada individuo ha sido muy extenso. En la actualidad, la zona de acuerdo acerca de este punto podría resumirse en lo siguiente: en cada individuo lo dado o innato y lo adquirido se combinan de forma singular, en una unidad biológica/cultural. La inteligencia es una combinación del potencial genético, es decir, lo innato –factor de la herencia– pero lo innato modificado, habida cuenta de que el aprendizaje social modifica las conexiones neuronales. El aprendizaje de algo involucra muchas sinapsis que, una vez activadas, contienen información de algún aspecto del medio o ambiente sociocultural, y de lo adquirido en el contexto sociocultural en donde desarrolla su vida el individuo. Estudios recientes (año 2005) realizados por el Laboratorio de Epigenética del Centro Nacional de Investigaciones Oncológicas de España revelan que la epigenética (los vestidos que cubren el ADN desnudo) es el puente entre lo biológico y el medio ambiente. Se trata del mecanismo bioquímico que explica cómo actúan sobre los genes los factores ambientales (la contaminación, el tabaquismo o la alimentación). Los resultados de esta investigación no sólo nos han abierto nuevas perspectivas en el tema que estamos tratando, sino que también sirven para expresar con mayor precisión científica la vieja cuestión de lo innato y lo adquirido. Como lo indican estos investigadores, la clave está en el epigenoma y en la epigenética, que permite explicar cómo a partir de un mismo genotipo se pueden originar diversos fenotipos.

Existe algo "dado" en la inteligencia de cada persona, pero las capacidades intelectuales no están establecidas de una vez y para siempre. Las circunstancias, el medio, lo adquirido (o como querramos llamarlo) también ejercen influencia. Lo innato se da en una realidad concreta y vital en la que el individuo habita y desarrolla su existencia. Esa realidad englobante o mundo de la vida es lo que Ortega y Gasset ha llamado "circunstancia" y que, como explicamos en otra parte del libro, está configurada por el entorno psico-social, el entorno físico o hábitat y el entorno cultural.

Sabemos que cualquier modificación en las circunstancias o el entorno de cada persona tiene la capacidad de modelar los circuitos cerebrales. En esa circunstancia/entorno de la persona, se incluyen lo educativo y lo cultural, la televisión de manera especial y el entorno físico. Ahora bien, frente a esta diferenciación cerebral cabría preguntarse si el hecho de ver televisión ejerce una misma forma de efecto y estimulación en ambos hemisferios, si esta estimulación es diferente en uno y otro (como revelarán varios estudios, es mayor en el hemisferio derecho).

La importancia de uno u otro factor no puede medirse del modo en que lo hacía Newman, para quien el CI (cociente intelectual) estaba determinado en un 68 % por la herencia y en un 32 % por el ambiente. Esto hoy es insostenible; ni siquiera es posible medir cuál de los factores es más importante. Ambos, implicados mutuamente, se entrecruzan y tornan imposible separar la predisposición y el ambiente.

Una predisposición se revela en la existencia de cada persona en función del medio ambiente; en cierto modo, dependiendo del contexto en el que vive el individuo, la inteligencia puede desarrollarse de diferente manera.

A modo de conclusión general sobre este tema, diremos que:

Herencia y medio no son dos procesos separados en el desarrollo de la inteligencia; son como la "materia prima", como los "elementos coadyuvantes", pero nunca actúan con un determinismo tal que moldee de una sola manera y de una vez y para siempre la capacidad intelectual. Existe una compleja conjunción en la interacción entre lo innato y lo adquirido, entre el potencial genético y el medio: ambos retroactúan en interacción dialéctica constante y singular. La importancia respectiva de cada uno de estos factores es diferente en el desarrollo de la inteligencia de cada individuo. Lo genético es lo heredado, pero el medio ambiente modifica las conexiones neuronales.

Podríamos resumirlo también con lo que dice Ortega y Gasset acerca del "yo": "Yo soy yo más mi circunstancia." Yo = yo + mi circunstancia. Lo innato, la disponibilidad biológica, se transforma con lo adquirido. Lo adquirido por el individuo, en el alcance más amplio del término, es la cultura (en el sentido antropológico del término): modo de ser, de hacer y de actuar.

6. Los fracasos y las desventuras de la inteligencia

Mientras que Marina nos habla de la inteligencia fracasada, Morin se refiere a las desventuras de ésta, a la *bêtisse* que expresan las carencias de ciertas aptitudes clave.

El libro de José Antonio Marina –*La inteligencia fracasada. Teoría y práctica de la estupidez*–, desde su publicación a finales de 2004 y en menos de seis meses, produjo un fuerte impacto entre algunos investigadores y estudiosos de la inteligencia, y sobre un público más amplio, como lo indican las sucesivas ediciones del libro (casi mensuales). De toda la riqueza y amplitud de su obra he escogido, para los propósitos de este libro, tres ideas básicas:

- "Si existe una teoría científica de la inteligencia, debería haber otra igualmente científica de la estupidez."

- "Una persona inteligente malogra su vida por un comportamiento muy estúpido."

- La inteligencia fracasa cuando:

  - es incapaz

    › de ajustarse a la realidad,

    › de comprender lo que pasa y lo que nos pasa,

    › de solucionar los problemas afectivos, sociales o políticos;

  - se equivoca sistemáticamente;

  - emprende metas disparatadas;

  - se empeña en usar medios ineficaces;

  - desaprovecha las ocasiones;

  - decide amargarse la vida;

  - se despeña la crueldad o la violencia;

  - se empeña en negar una evidencia;

  - una creencia resulta invulnerable a la crítica o a los hechos que la contradicen;

  - no se aprende de la experiencia;

  - se convierte en un módulo encapsulado.

Para Marina, las maneras de fracasar son múltiples. Señala cuatro:

- Los fracasos cognitivos.

- Los fracasos afectivos.

- Los lenguajes fracasados.

- Los fracasos de la voluntad.

Las desventuras de la inteligencia

Para Morin, la inteligencia sufre "los extravíos y las cegueras propios del espíritu humano". Son incapacidades y limitaciones de las que, según este autor, es importante tener consciencia "porque atrofian o inhiben la inteligencia". Conocerlas es vital para evitar estos extravíos o fracasos de la inteligencia. Morin señala cuatro carencias principales:

- la incapacidad para aprender de la experiencia y sacar provecho de los propios errores;

- la incapacidad para modificar los propios esquemas mentales en función de la diversidad y la novedad de las situaciones;

- la selección de falsos problemas y de falsos criterios en detrimento de los verdaderos y la acumulación de datos inútiles;

- la pérdida de vista de los fines en el uso de los medios y la incapacidad para concebir medios adecuados para los fines.

Capítulo 4
La teoría de las inteligencias múltiples

1. Breve referencia a los orígenes de la teoría de las IM

2. Sus características sustanciales

3. Reacciones frente a la teoría de las IM

4. Las ocho inteligencias (que quizás sean once)

1. Breve referencia a los orígenes de la teoría de las IM

Para comprender el marco referencial y los fundamentos de la teoría de las IM, conviene recordar que desde mediados del siglo XIX se han venido realizando estudios e investigaciones sobre la localización de las funciones cerebrales.

Un precedente importante son los estudios del cirujano francés Paul Broca, quien, en 1861, descubrió el área del cerebro responsable de la producción del lenguaje. Broca atendió a un paciente que podía entender el lenguaje, pero no podía hablar. Después de la muerte de éste, examinó su cerebro y encontró una lesión en el lóbulo frontal izquierdo. Con ésta y otras constataciones, Broca concluyó que dicha región del cerebro estaba relacionada con el habla. Cabe también mencionar al neurólogo alemán Carl Wernicke, que, en 1874, localizó el área vinculada con la comprensión del lenguaje hablado o escrito.

Broca y Wernicke dieron ímpetu –nos dice Gardner– a un grupo de neurólogos a quienes se ha llamado "localizadores... que buscaban descubrir las funciones que gobernaba cada parte del cerebro".

Pero antes de Broca y Wernicke, el anatomista alemán Franz Joseph Gall ya había considerado la posibilidad de que en el cerebro se pudiesen localizar diferentes funciones. Precisamente su obra principal, publicada en 1822, se titula *Sobre las funciones del cerebro y sobre las de cada una de sus partes*.

Todo esto ha sido posible en las últimas décadas del siglo XX, gracias a los avances en la neurociencia y, de manera particular, en la neurobiología, que crearon las condiciones necesarias –por los desarrollos teóricos y tecnológicos– para estudiar las zonas del cerebro en donde podrían estar localizados determinados espacios de cognición. En cada uno de estos espacios, se expresaría una forma diferente de inteligencia.

Hemos mencionado estas circunstancias, porque la teoría de las IM no parte de reflexiones o referencias filosóficas, ni de observaciones psicológicas, sino de una doble convergencia en las investigaciones que se llevaron a cabo en el Proyecto Harvard sobre la Inteligencia. Por un lado, se apoyaron en la investigación neurológica que les permitió llegar a la conclusión de que existen áreas cerebrales básicas donde residen diferentes tipos de inteligencia. Por otra parte, el estudio se fundamentó en pruebas culturales.

Las investigaciones neuropsicológicas que sirvieron de base para el desarrollo de esta teoría se sustentaron en diferentes estudios:

- Acerca del desarrollo de diferentes capacidades en niños normales, lo que se denominó el "estudio de inteligencias tempranas".

- Investigaciones neuropsicológicas sobre el deterioro de las capacidades cognitivas en personas que han sufrido lesiones cerebrales; estos estudios permitieron establecer una relación sistemática entre la lesión cerebral y el deterioro de ciertas funciones.

• Estudios sobre personas especiales con perfiles cognitivos muy irregulares y difíciles de explicar en términos de una visión unitaria de la inteligencia: niños prodigio, sabios idiotas, niños autistas y niños con problemas de aprendizaje.

Por su parte, las pruebas culturales se relacionan con los estudios sobre simbolización, es decir, sobre los símbolos propios que usan los seres humanos. El otro fundamento cultural es la constatación de que cada tipo de inteligencia tiene un criterio o un sistema de valores propios.

En 1979, Howard Gardner, principal referente de la teoría de las IM, siendo investigador en Harvard, recibió el encargo de la Fundación Holandesa Bernard Van Leer de estudiar el potencial humano. Dentro de ese contexto, los estudios que venía realizando culminaron en 1983 con su libro *Frames of Mind* (*Estructuras de la mente*), en el que formuló una nueva teoría de la inteligencia, a la luz de los orígenes biológicos de cada capacidad para resolver problemas. Este libro supuso un cambio muy profundo en cuanto a la idea y la concepción que se tenía de la inteligencia, tal como lo explicamos en el capítulo anterior. Durante más de veinte años, Gardner ha hecho sucesivos reajustes y reformulaciones de su teoría. A los siete tipos de inteligencia propuestos inicialmente, posteriormente agregó un octavo. Cuando ya habíamos escrito este capítulo, en una comunicación con Harvard, nos informamos de que se habían sumado otros tres tipos, con lo cual habría que hablar de once tipos de inteligencia (más adelante hacemos referencia a ellas).

En otro orden de cosas, hemos de señalar que Gardner no ha postulado una *standard interpretation* de su teoría; por el contrario, ha alentado para que florezcan nuevas propuestas, aunque, en algunos casos, él mismo reconoce que se ha llegado a conclusiones o se han sostenido tesis que se apartan de sus tesis fundamentales.

2. Sus características sustanciales

Para introducirnos en el conocimiento de la teoría de las IM, conviene conocer cuáles son sus características sustanciales o sus conceptos fundamentales. Siguiendo el pensamiento de Gardner, podríamos distinguir los siguientes aspectos:

- Se rechaza como falsa la concepción estándar, según la cual existe sólo un tipo de inteligencia. De esta concepción se deriva una "visión unidimensional" acerca de la forma de evaluarla, lo que, a su vez, se plasmó con una "visión uniforme" de la práctica docente: toda la enseñanza es igual para todos. No se plantea ni se visualiza la diversidad que, de hecho, existe entre los alumnos, y menos aún se presta atención a esa diversidad.

- Si en la tradición del pensamiento psicológico no se consideró la inteligencia como algo relacionado con el cerebro, la teoría de las IM parte desde una perspectiva totalmente opuesta, expresada en una visión polifacética de la inteligencia que elucida los mecanismos cerebrales que subyacen en las inteligencias que tiene cada individuo.

- Para cada tipo de inteligencia, el cerebro posee distintos mecanismos y operaciones que son identificables. Cada inteligencia constituye un sistema computacional basado en neuronas, que se activa a partir de ciertos tipos de información presentada en forma interna o externa.

- Una de las ideas centrales de esta teoría es que cada una de las inteligencias es neurológicamente autónoma y relativamente independiente de las otras en su funcionamiento, pero cuando se aplican a un campo o a una disciplina, trabajan siempre concertadas. Cualquiera de las ocho inteligencias se puede aplicar a cualquier campo.

- Todos nacemos con potencialidades marcadas por la genética (lo innato, la herencia o condicionamientos biológicos). Pero esas potencialidades se van a desarrollar (en algunos casos podrían deteriorarse) dependiendo del entorno (psico-social, cultural, psíquico).

• Cada uno de los diferentes tipos de inteligencia necesita alcanzar un mínimo de bagaje intelectual; a esto, Gardner lo denomina **competencias básicas** para funcionar adecuadamente. Desde la perspectiva de la teoría de las IM, la inteligencia es una capacidad o destreza que se puede desarrollar.

• Todos tenemos una combinación de los ocho tipos de inteligencia, con diferentes grados de desarrollo: una o dos preponderantes y otra u otras débiles.

• Cada una de estas inteligencias se desarrolla en cada individuo de distinto modo y a diferentes niveles.

• Hay diferentes maneras de ser inteligente dentro de cada tipo de inteligencia.

A partir de las características antes señaladas, al aplicar la teoría de las IM en la práctica pedagógica, se traducen algunos principios operativos:

• Las capacidades y habilidades y la combinación de las diferentes inteligencias son distintas en cada individuo.

• No todos los alumnos tienen los mismos centros de interés ni aprenden de la misma manera.

3. Reacciones frente a la teoría de las IM

Aceptada por los biólogos, fuertemente criticada y rechazada por los psicómetras (la teoría amenaza sus medios de subsistencia y su razón de ser), no bien aceptada por lo que podríamos llamar la "psicología académica", ha sido muy bien acogida por educadores, en cuyo campo ha tenido mayor incidencia.

Quizás lo que más ha conmocionado de la teoría de las IM en el campo de la psicología, y en particular en lo referente a la concepción que se tenía de la inteligencia, es haber "derrumbado" el supuesto conforme con el cual la cognición humana es unitaria, puesto que la inteligencia se expresa por un factor general no específico (factor "g") que es posible describir y medir de manera adecuada y práctica mediante *tests*, particularmente los de inteligencia. Cabe recordar que en 1981, el biólogo Stephen Jay Gould, en su libro *The Mis Measure of Man*, critica las pruebas de inteligencia sosteniendo que carecen de valor científico.

Habiéndose sostenido durante décadas que los *tests* de inteligencia suministran una medida práctica y eficaz de la capacidad del individuo para funcionar normalmente en su medio, no cabe duda de que la teoría de Gardner produce un cambio revolucionario en la concepción de la inteligencia. Esto explica en parte las reacciones, tanto a favor por parte de aquellos que han encontrado una nueva perspectiva y nuevos conocimientos para mejor conocer a las personas y para mejorar la práctica docente, como las reacciones en contra de quienes la rechazan o la minusvaloran, como si no aportase nada nuevo. A estos últimos, acostumbrados a estudiar las inteligencias por medio del análisis factorial y a considerar que la inteligencia es el nivel intelectual tal como resulta medido por el CI, les resulta muy difícil aceptar esta nueva teoría.

4. Las ocho inteligencias (que quizás sean once)

En un principio, Howard Gardner identificó siete tipos de inteligencia (*Estructura de la mente*, 1983). Luego quedaron identificadas ocho inteligencias –ocho formas cualitativamente independientes de ser inteligente–, que se corresponden con ocho áreas o espacios de cognición, cada uno de ellos neurológicamente independiente. En cada área existe una forma específica de competencia y un tipo de procedimiento para obtener información.

Hablamos –se habla– de ocho tipos de inteligencia, aunque esto no es algo que se considere definitivo. Podrían ser más. El mismo Gardner ha añadido otras tres inteligencias: la sexual, la digital y la existencial o espiritual (la de las grandes preguntas). La sexual estaría relacionada con la manera de vincularse al placer erótico/sexual; la digital, con la habilidad para manejarse con las nuevas tecnologías; y la existencial o espiritual, con las cuestiones básicas acerca del sentido de la existencia. Nilson Machado, en Brasil, alude a la inteligencia pictórica; otros, como Saturnino de la Torre, hablan de inteligencia creativa. Hay quienes consideran la intuición como otro tipo de inteligencia y la habilidad culinaria como una forma especial de inteligencia.

- La **inteligencia lingüística** se relaciona con la capacidad y habilidad para manejar el lenguaje materno (o quizás de otros idiomas) con el fin de comunicarse y expresar el propio pensamiento y darle un sentido al mundo mediante el lenguaje.

  Las áreas cerebrales del sistema lingüístico tienen su asiento preferencial en el lóbulo frontal y temporal del hemisferio izquierdo, con dos importantes áreas como son la de Broca y la de Wernicke. La prosodia, o sea, el componente no verbal de la palabra (tono-frecuencia-volumen-ritmo, etc.), sería responsabilidad principal del hemisferio derecho. Consecuentemente con lo que acabamos de afirmar, es un tipo de inteligencia que utiliza ambos hemisferios.

  Profesionales típicos: *poetas, escritores, oradores, locutores o simplemente personas para quienes la lengua es importante en el ejercicio de su profesión.*

- La **inteligencia lógico-matemática** permite a los individuos utilizar y apreciar las relaciones abstractas; es el modo de trabajar de un científico o un lógico y de los matemáticos, quienes, al manipular números, cantidades y operaciones, expresan la capacidad para discernir patrones lógicos o numéricos.

Si bien son operaciones secuenciales atribuidas en forma preferencial a las áreas del lóbulo parietal izquierdo, ciertos aspectos de los propios procesos mentales, referidos por algunos matemáticos, en determinadas operaciones indican el rol del hemisferio derecho. Einstein decía que pensaba en imágenes, y que su fórmula matemática que revolucionó la física había estado inspirada en un sueño previo a su expresión consciente y digital. Hablaba de la belleza de las matemáticas. Muchos grandes descubrimientos en el terreno de la ciencia siguieron el camino de los procesos creativos, en los que se interpreta que el hemisferio derecho tiene una acción preponderante.

Es el tipo de inteligencia más compleja en cuanto a la estructuración. Según Gardner, se expresa a través de cuatro competencias y habilidades:

- Habilidad para poder manejar una cadena de razonamientos en la forma de supuestos, proposiciones y conclusiones.

- Capacidad para darse cuenta de que las relaciones entre los elementos de una cadena de razonamientos de este tipo determinan el valor de éstas.

- Poder de abstracción: en lógica consiste en una operación de elaboración conceptual, y en matemática es un proceso que comienza con el concepto numérico, pasa luego al concepto de dimensión variable y llega en su nivel más alto a la función de las variables.

- Actitud crítica: consiste en que un hecho puede ser aceptado cuando ha sido posible su verificación empírica.

Este tipo de inteligencia está asociado al pensamiento científico y matemático.

Profesionales típicos: *científicos, filósofos, matemáticos, analistas de sistemas, estadísticos... Existen también muchas personas que, sin tener ninguna formación académica, poseen una gran capacidad de razonamiento lógico y se destacan en la resolución de problemas.*

- La **inteligencia musical** es la capacidad para reconocer, apreciar y producir ritmos, tonos, timbres y acordes de voces y/o instrumentos. Para Gardner, se expresa a través de tres competencias básicas: un sentido para los tonos (frecuencias), un sentido para el ritmo y un sentido para las tonalidades. Estas habilidades o competencias permiten comunicar, comprender y crear los significados de los sonidos.

  La música es un lenguaje que tiene sus reglas, su gramática, etc. Es sonido autosuficiente organizado, regido por reglas de armonía y contrapunto. Podemos presuponer que los procesos que se requieren para la actividad musical son de distinto tipo:

    – **Visuales**: para la lectura de la notación musical, donde ésta no sólo se presenta de manera secuencial, sino también con una forma y en un contexto espacial, que interviene para dar significado a esa notación.

    – **Auditivos**: permiten apreciar la belleza y estructura de una composición musical mediante la percepción y comprensión de las melodías, los timbres, los ritmos y la armonía que constituyen un proceso acústico.

    – **Kinésicos**: para la ejecución musical es necesaria una coordinación motora de altísima complejidad.

    – **Funciones cognitivas de tipo ejecutivo**: para el desarrollo de las piezas musicales.

- **Activaciones de circuitos afectivos**: para explicar las activaciones emocionales que produce la música.

El área cerebral básica donde reside este tipo de inteligencia es el lóbulo temporal derecho, aunque existe una relación topográfica entre los hemisferios cerebrales (éste es un tema que se debe investigar a nivel neurobiológico).

En resumen: procesamientos modulares, secuenciales, en paralelo, que nos indican que son los dos hemisferios los que, con circuitos que se complementan, permiten el desarrollo de la inteligencia musical. Esperemos que futuras investigaciones aporten mayor luz para la comprensión de estos procesos neurocognitivos, que son generadores de uno de los productos de la especie humana: la música.

Profesionales típicos: *músicos, cantantes, compositores, directores musicales y personas comunes que tienen la capacidad para percibir los sonidos en la singularidad específica de sus matices y expresiones.*

- La **inteligencia cinestética-corporal** es la inteligencia del movimiento, la expresión y el lenguaje corporal. Se expresa en la capacidad para utilizar todo el cuerpo o parte de él (manos, dedos, brazos o piernas), en forma armónica y coordinada, para expresar ideas y sentimientos. Se trata de la sensibilidad que tiene una persona para manifestarse a través de un lenguaje no verbal.

Este tipo de inteligencia tiene dos competencias básicas: en primer lugar, el control de los movimientos corporales propios que posee el individuo; en segundo lugar, el tratamiento adecuado del manejo de objetos, expresado en destrezas y habilidades manuales para realizar actividades detalladas y de pequeñas dimensiones.

Las áreas cerebrales vinculadas con esta inteligencia residen en el cerebelo, los ganglios basales y la corteza motora.

Profesionales típicos: *deportistas, gimnastas, bailarines, mimos y todas aquellas personas que tienen la capacidad para realizar actividades en donde el control y la expresión corporal son esenciales.*

- La **inteligencia espacial** se refiere a la capacidad para visualizar acciones antes de realizarlas, lo que permite crear en el espacio figuras y formas geométricas, como cuando el escultor representa objetos visuales en un entorno espacial, o cuando el jugador de ajedrez visualiza en el espacio el posible movimiento de las fichas. Este tipo de inteligencia permite configurar un modelo mental del mundo en tres dimensiones y descubrir coincidencias en cosas aparentemente distintas.

  Esta inteligencia se expresa en la capacidad para transformar temas en imágenes, para comprender el espacio como un todo y para lograr la orientación del individuo dentro de esos límites. Una habilidad estrechamente ligada con la anterior, propia de quienes tienen una inteligencia visual-espacial, es la de percibir el mundo en imágenes tridimensionales y reproducir mentalmente la percepción que se ha tenido de un objeto o espacio. Una tercera competencia de la inteligencia espacial es la de reconocer el mismo objeto en diferentes circunstancias. Por último, la de anticiparse a las consecuencias de los cambios espaciales, que tan desarrollada tienen los maestros de ajedrez.

  Grandes flujos de información permiten que esto se realice con ubicación diferente en el cerebro en las regiones posteriores del hemisferio derecho: una localizada en la parte dorsal, que procesa lo relacionado con el espacio, y otra ventral, relacionada con los objetos. Los dos circuitos que nacen en el lóbulo occipital son su *sustratum*.

  Profesionales típicos: *escultores, arquitectos, pintores, publicistas, diseñadores de interiores, jugadores de ajedrez... Quienes cultivan ciencias como la anatomía o la topología necesitan de la inteligencia espacial.*

Las inteligencias personales

A las inteligencias interpersonal e intrapersonal se las denomina inteligencias personales, puesto que no se refieren a un campo o a una disciplina, sino que expresan formas de ser de los individuos en cuanto a sus competencias socio-personales básicas:

- La **interpersonal** es la inteligencia del reconocimiento de los otros, de la capacidad empática; expresa habilidades sociales (capacidad de comunicación y de relaciones interpersonales). Se expresa hacia el **exterior** de la persona.

- La **intrapersonal** es la inteligencia del autoconocimiento, de la autoestima y de la capacidad de automotivación. Se expresa hacia el **interior** de la persona.

La inteligencia emocional, tal como la describiera Daniel Goleman, expresada en el autocontrol, el entusiasmo, la perseverancia y en la capacidad de automotivación, está vinculada con estos dos tipos de inteligencia.

- La **inteligencia interpersonal** es la capacidad para relacionarse con otras personas y comprender sus sentimientos, sus formas de pensar, sentir y actuar, detectando sus motivaciones, preferencias e intenciones. Se expresa también en la capacidad para comunicarse con la gente y manejar los conflictos, gracias a una adecuada evaluación del manejo de emociones propias y ajenas.

  La inteligencia interpersonal nos hace capaces de sintonizar con otras personas y de manejar los desacuerdos antes de que se conviertan en rupturas insalvables. Se expresa en la capacidad empática que permite comprender el estado de ánimo de los demás y considerar al otro en su realidad de otro. Facilita la creación de un clima que valora la pluralidad y la diversidad como un hecho positivo. Permite asumir el punto de vista de los otros, es decir, ver las cosas desde la perspectiva de los demás.

Los estudios sobre el cerebro han identificado los circuitos cerebrales responsables de esta capacidad; el lóbulo frontal y otras estructuras juegan un papel principal en esta competencia.

Profesionales típicos: *educadores, trabajadores sociales, terapeutas y cualquier persona que tiene que trabajar en la esfera de las relaciones interpersonales.*

- La **inteligencia intrapersonal** se refiere a poseer conocimientos sobre uno mismo; ayuda a que los individuos observen sus estados y procesos neurocognitivos –tanto a nivel intelectivo como afectivo– y comprendan sus comportamientos. Implica la reflexibilidad del propio espíritu. Los individuos dotados de esta inteligencia tienden a saber lo que pueden hacer o no, lo cual les ayuda a tomar decisiones eficaces y eficientes sobre sus vidas. La metacognición es un proceso indispensable para el desarrollo de la inteligencia intrapersonal. En este tipo de inteligencia, se identifican en los lóbulos frontales algunos de los circuitos cerebrales que la sustentan.

Se trata de la aptitud para el conocimiento introspectivo de uno mismo, que permite el análisis y el manejo de las propias emociones, los sentimientos, intereses, capacidades y motivos.

Esta inteligencia permite que los individuos, al observar sus estados y procesos neurocognitivos, tanto a nivel cognitivo como afectivo, estén en mejores condiciones para orientar sus comportamientos. Podríamos describirla también –utilizando la expresión de Maslow– como la "percepción inconsciente o preconsciente de nuestra propia naturaleza, de nuestra propia vocación en la vida".

Profesionales típicos: *ciertos líderes religiosos y algunos artistas, filósofos, oradores con capacidad de movilizar por su carisma. De ordinario son personas que desempeñan un papel espiritual en la comunidad o sociedad en la que viven.*

- La **inteligencia naturalista** es la capacidad para distinguir entre los seres vivos, ya sean plantas o animales. Es un tipo de inteligencia relacionado con el mundo natural, que desarrolla la habilidad para identificar miembros de una misma especie y detectar las diferencias que existen entre ellos.

  Este tipo de inteligencia está presente en personas que saben observar, estudiar la naturaleza, clasificar elementos del medio ambiente y utilizar estos conocimientos productivamente (en una granja, en las investigaciones biológicas, etc.). Gardner afirma que en la cultura consumista en la que estamos inmersos, los jóvenes aplican su inteligencia naturalista para discriminar tipos de automóviles, estilos de peinados o zapatillas.

  La atracción por descubrir el mundo natural y la inquietud por develar los misterios de la naturaleza son sus manifestaciones más significativas.

  Este es el único tipo de inteligencia sobre el cual no existe pleno acuerdo en lo que respecta a su "lugar" en el cerebro. Para algunos, radica en el lóbulo parietal izquierdo; para otros, en el hemisferio derecho.

  Profesionales típicos: *granjeros, paisajistas, jardineros, estudiosos de la flora y la fauna, capitanes de barco, geógrafos, botánicos...*

Con respecto a las tantas y diversas consecuencias prácticas que se pueden derivar del conocimiento de la teoría de las IM y su aplicación en la educación, podríamos concluir lo siguiente:

La teoría de las IM aporta nuevas formas de percibir y pensar la inteligencia (o las inteligencias) y, derivado de ello, se establece un nuevo marco teórico referencial como modo de fundamentar cambios significativos en algunos aspectos de la práctica pedagógica, particularmente en lo que se refiere a la orientación y la tutoría, y al modo de evaluar las capacidades cognitivas de los alumnos.

Capítulo 5
La teoría de las inteligencias múltiples y su aplicación en la educación

1. Algunas ideas centrales de la teoría de las IM en su aplicación en la educación

2. Cuando se le pide a la teoría de las IM lo que no puede ofrecer

3. Una visión panorámica de las aplicaciones de la teoría de las IM

4. La orientación y la tutoría como ámbito preferente de su aplicación

5. La inteligencia es "inteligencia en sociedad"

6. ¿Es posible el desarrollo de las inteligencias débiles?

Anexo: Listado para evaluar las inteligencias múltiples de los alumnos

El propósito central de este capítulo es presentar algunas ideas acerca de las variadas y diversas aplicaciones que se han hecho a partir de la formulación de la teoría de las IM. Cuando –en 1994– Thomas Armstrong publicó su libro *Multiple Intelligences in the Classroom,* Arthur Steller escribió en el prefacio: "Muchos educadores conocen la teoría de las inteligencias múltiples de Howard Gardner. Pueden nombrar algunas, si no todas... y hasta pueden dar ejemplos de cómo las han usado en sus vidas. Sospecho que son relativamente pocos, sin embargo, los que han hecho de las ocho inteligencias una parte natural de su enseñanza en el aula". Actualmente esta afirmación es parcialmente válida; en la última década ha ido creciendo el interés por su aplicación, y en diferentes países se realizan experiencias en diferentes ámbitos de la práctica educativa. Hemos de señalar que el libro de Armstrong es para muchos el primer gran intento por "traducir" la teoría en ideas prácticas accesibles para el docente en el aula.

1. Algunas ideas centrales de la teoría de las IM en su aplicación en la educación

Si tuviera que resumir en unas pocas frases –que, por supuesto, sería una explicación incompleta– las ideas principales de la teoría de las IM más directamente relacionadas con la práctica docente, diría lo siguiente:

- Cuando se habla de esta teoría, tan importante como conocer los diferentes tipos de inteligencia es tener en cuenta que éstas son concebidas en términos neurobiológicos. Esta advertencia u observación, que puede parecer una perogrullada al hablar de los trabajos de Gardner y del Proyecto Harvard de Inteligencia, nos parece sumamente necesaria. La razón es la siguiente: todos "arrastramos" una concepción de la inteligencia tal como fue concebida hace casi un siglo, desde una perspectiva psicológica. Hemos leído trabajos en los que se describen experiencias que pretenden ser una aplicación de la teoría de las IM, pero en ciertos razonamientos sobre la inteligencia se expresan ideas del modo en que han sido concebidas desde la psicología. Esto revela que no han comprendido la profunda revolución que Gardner ha producido en el modo de concebir la inteligencia. Son aquellos –diría Gardner– "que no han podido (o no han querido) abandonar las perspectivas tradicionales".

• Desde la perspectiva de esta teoría, lo más importante no es saber **cuánta inteligencia** tienen nuestros alumnos (especialmente cuál es su CI), sino conocer **qué tipos de inteligencia** son predominantes y cuáles tienen menos desarrolladas.

• Para el docente es más importante conocer cómo trabaja la mente de cada uno de sus alumnos, es decir, cómo razonan: cuál es el estilo de aprendizaje, la forma en que resuelven los problemas, sus centros de interés y sus inclinaciones. Todo lo anterior se ha de conocer sin ignorar el contexto y las circunstancias (culturales, sociales, económicas y ambientales) en que se desarrolla cada uno de ellos. He encontrado muchos docentes que trabajan inspirados en la teoría de las IM, pero que no tienen en cuenta las condiciones de vida de sus alumnos.

• Se parte de tres supuestos: existen diferentes maneras de ser inteligentes, según cuál sea la o las inteligencias "más fuertes" o predominantes y aquellas más débiles; en cada uno de nosotros tienen lugar diferentes combinaciones de todas las inteligencias; todas las inteligencias pueden lograr un nivel adecuado de desarrollo.

Cuando se aplica alguna de las inteligencias, ésta se apoya en ciertas cualidades que tienen los individuos, como la memoria, la experiencia, la imaginación y las motivaciones, y en recursos que le sirven de apoyatura:

• la información que se dispone o se puede disponer;

• los instrumentos de trabajo disponibles, desde el lápiz, el bolígrafo y el papel hasta el ordenador/computadora;

- la red de relaciones sociales que permite consultar a informantes clave, compañeros de equipo o de trabajo, o bien otro tipo de estímulos motivadores.

2. Cuando se le pide a la teoría de las IM lo que no puede ofrecer

He leído una serie de documentos y trabajos que contienen propuestas y, en otros casos, describen experiencias que se consideran inspiradas en Gardner o en el Proyecto Harvard sobre IM. De todo ese material consultado y analizado, sólo quiero referirme a aquel en que se considera (ya sea en sus formulaciones teóricas o en sus experiencias) que la teoría de las IM –en su aplicación en la educación– ofrece un marco adecuado para producir cambios e innovaciones significativas.

En mi opinión (no sólo discutible, sino que también puede ser errónea), tales posturas piden a la teoría de las IM lo que no puede ofrecer, ya que absolutizan sus potencialidades para producir cambios educativos. En algunos casos extremos, se expresan hiperbólicos elogios sobre el significado de esta teoría, al punto de que la transforman en la única fuente o, al menos, la principal, que puede orientar una renovación pedagógica. Otros, fascinados por esta teoría, mandan al desguace los aportes de Paulo Freire por considerarlos "hegelianos marxistas" (?), como alguien ha dicho. Y hay quienes consideran que volver a Freire produce un retroceso a una época de romanticismo revolucionario, que poco ayuda a cambiar la educación en el mundo globalizado en que vivimos.

No cabe duda de que la teoría de las IM lleva a replantear algunos aspectos del proceso de enseñanza/aprendizaje. Y, por otro lado, conduce a una nueva forma de conocer y comprender la inteligencia humana. Pero no por ello supone que contiene los elementos, principios y pautas que pueden llevar a una renovación profunda de la educación. El mismo Gardner advirtió en un artículo publicado a finales de 1995 en la revista *Phi Delta Kappan* que la teoría por él formulada "no es ninguna forma de receta educacional". Años antes, ya había indicado que no avalaba ciertas formulaciones o realizaciones que se decían inspiradas en su teoría.

Uno de los más importantes estudiosos de las IM, Thomas Armstrong, sostiene que una de las "maneras más exactas en que puede describirse" es considerarla una "filosofía de la educación". Obviamente, como ya lo hemos dicho en otra parte del libro, esto no puede aceptarse: una filosofía de la educación comporta otros aspectos o dimensiones que desbordan en mucho una teoría sobre la inteligencia.

Toda teoría, como parte de una ciencia, se apoya en determinados supuestos o postulados; éstos son el trasfondo que subyace y que condiciona sus formulaciones. Los llamados "grandes maestros de la sospecha" (Marx, Nietzsche y Freud) revelaron que detrás de todas las pretendidas construcciones objetivas de racionalidad científica se ocultan la ideología de una clase, la moral de los sacerdotes o la estructura subyacente de algún mito personal o colectivo. En otras palabras: en toda teoría y en todas las formas de actuar, hay "marcos de referencia" que condicionan la forma de abordar los problemas y de proponer soluciones, y el modo de formular los métodos y las técnicas utilizadas.

Por otro lado, todos los seres humanos en nuestro vivir cotidiano nos apoyamos en supuestos que llamamos creencias. En este contexto, utilizamos dicha expresión con el alcance que le da Ortega y Gasset, quien diferencia las ideas de las creencias. Las ideas sirven "para designar todo aquello que en nuestra vida aparece como resultado de nuestra ocupación intelectual"; en cambio, las creencias "no las pensamos, sino que actúan latentes, como implicaciones de cuanto expresamente hacemos o pensamos". Las ideas se tienen, en las creencias se está.

Estos elementos subyacentes pueden plantearse –de hecho se plantean– de maneras muy diferentes. Algunos lo hacen en términos de ideología; otros, de supuestos filosóficos, o bien como trasfondo ontológico, gnoseológico, lógico o epistemológico. Asimismo, se habla de paradigma como constelación subyacente.

Ninguna ciencia, ninguna teoría es a-ideológica. La ideología (aunque se la niegue) siempre subyace como conjunto de creencias, opiniones e ideas que conforman la consciencia social, bajo la forma de un sistema de representación mental y un conjunto de significaciones desde las cuales el individuo filtra la percepción de la realidad. En cuanto sistema de representaciones y conjunto de significaciones, surge como respuesta a cuestiones que los seres humanos se plantean en relación con sus intereses, aspiraciones e ideales ligados a sus condiciones de existencia. Ninguna ciencia es a-ideológica, pues en ella no existe ni neutralidad ni imparcialidad. Y, en cuanto seres humanos, no somos ni a-históricos ni a-políticos.

Cuando se habla de filosofía subyacente, se hace referencia a diferentes cuestiones: en algunos casos se alude a valores; en otros, a la cosmovisión que subyace en los modos de pensar y de actuar, haciendo referencia a los cinco elementos que la configuran: la idea que se tiene del hombre, de la sociedad, de la historia, del cosmos y del principio y el fin de la cosmogénesis (planteado en términos de Dios, Tao, Yhavé, Alá, etc.; es decir, como alfa y omega).

En cuanto al paradigma como elemento subyacente, el término suele utilizarse con los alcances más frecuentes que le da Kuhn: como constelación de creencias, valores, técnicas, etc., que comparten los miembros de una comunidad científica, o bien como modelo de problemas y soluciones.

Respecto del trasfondo ontológico, gnoseológico, lógico y epistemológico, también hace referencia a elementos subyacentes de las ciencias y de toda teoría:

- El trasfondo **ontológico**, que alude a la necesidad de establecer la naturaleza y la especificidad de la realidad de la que trata una ciencia.

- El trasfondo **gnoseológico**, cuyo problema central es estudiar la relación entre el sujeto/observador/conceptuador y el objeto/observado/conceptuado, en el acto de conocer.

- El trasfondo **lógico**, que hace referencia a los criterios que especifican las leyes y las formas de pensar y sirven de base para todo saber humano.

- Por último, el trasfondo de tipo **epistemológico**, que orienta la forma de establecer las posibilidades del conocimiento, su modo de producción, sus formas de validación y sus límites.

La teoría de las IM, que ni siquiera es una teoría psicológica (aunque ha producido un cierto revulsivo en esa disciplina), no es un marco referencial para producir cambios educativos. Ha hecho algunos aportes importantes en la innovación pedagógica, pero no se le puede atribuir a esta teoría la posibilidad de producir una direccionalidad en el hecho educativo. Como lo hemos explicado en otros libros, la educación es fundamentalmente un hecho político (en cuanto expresa el tipo de persona y de sociedad que se quiere formar) y, por añadidura, es un hecho pedagógico. Bien lo explica Paulo Freire cuando, refiriéndose a su persona, dice: "A mí se me ha interpretado mal, pues se me identifica como pedagogo. Pero yo sólo soy adjetivamente pedagogo, porque sustantivamente soy político."

3. Una visión panorámica de las aplicaciones de la teoría de las IM

De la abundante bibliografía publicada sobre las experiencias o aplicaciones de la teoría de las IM, el libro de Thomas Armstrong (*Las inteligencias múltiples en el aula,* Buenos Aires, Manantial, 1999) me ha parecido el que mejor refleja la forma y los ámbitos en los que se pretende traducir a la práctica esta teoría. De los temas tratados por Armstrong, escojo algunas de las aplicaciones que propone para hacer referencia a la escuela de inteligencias múltiples sugerida por el mismo Gardner.

Las inteligencias múltiples y el desarrollo del currículum

En este punto, y como advertencia preliminar, es preciso tener en cuenta que Armstrong hace un trueque del término "didáctica" (acto de enseñar) por el de "desarrollo curricular"; cuestión que ha producido cierto desconcierto en algunos lectores. No es arbitrariedad del autor, sino consecuencia del cambio que se ha ido produciendo en diferentes países a partir de 1980, como resultado de la influencia de la pedagogía anglosajona o, mejor dicho, de autores de ese ámbito cultural.

Armstrong comienza este capítulo con una afirmación bien discutible, por cierto: "La mayor contribución de la teoría de las IM a la educación es sugerir que los docentes deben expandir su repertorio de técnicas, herramientas y estrategias más allá de las típicas que se usan en las aulas." Si bien se refiere al contexto de los Estados Unidos, esto es extensivo a otros países.

Pero esa no es la cuestión. Si ésta es su contribución más importante, no es nada novedoso. El mismo Armstrong hace referencia a los antecedentes de una pedagogía que va más allá de lo verbal, desde Platón, pasando por Rousseau, Pestalozzi, Froebel, Montessori y Dewey. Podríamos añadir a esta lista más de una decena de pedagogos latinoamericanos.

De igual modo, es poco aceptable que la teoría de las IM sea un "metamodelo" para "organizar y sintetizar todas las innovaciones educativas que han buscado romper este enfoque tradicional del aprendizaje". ¿Dónde están los trabajos de organización y síntesis elaborados por este pretendido "metamodelo"?

Los llamados materiales y métodos clave para la enseñanza son una serie de procedimientos que el autor diferencia según los distintos tipos de inteligencia; hace referencia a procedimientos que han venido siendo utilizados desde mucho tiempo antes de la formulación de la teoría de las IM. En América Latina, aun fuera de la educación formal y dentro de la llamada educación popular, se han desarrollado muchas de las técnicas y los procedimientos que propone este autor.

En otro pasaje se afirma: "En un nivel más profundo, sin embargo, la teoría de las IM sugiere un conjunto de parámetros dentro de los cuales los educadores pueden crear nuevos planes de estudio." Creemos que esto ejemplifica lo que afirmamos en otra parte del libro: pedir a esta teoría lo que no puede dar. Esto no quita que la nueva perspectiva que ofrece, especialmente en lo referente a la inteligencia, ayude a formular de manera diferente los planes de estudio; pero que los educadores, por el solo hecho de conocer la teoría de las IM, elaboren nuevos planes de estudio, nos parece una fantasía sin fundamentos reales. ¿En dónde se ha hecho esto?

Todos los materiales y procedimientos que indica, que puede estimular cada una de las inteligencias (Armstrong sólo se refiere a siete, que eran las conocidas en el momento de escribir su libro), son útiles para el docente cuando quiere superar las modalidades tradicionales de "dictar clases". Sin embargo, ¿cómo traducirlo en la práctica del trabajo de aula? No he podido constatar la posibilidad de llevar a la práctica la propuesta de planificación; quizás porque tendría que conocer mucho más las escuelas de los Estados Unidos en las que se realizaron las experiencias.

Las estrategias didácticas

Esta sería otra forma de aplicar la teoría de las IM. El autor, con la honestidad intelectual revelada en las propuestas que hace a lo largo de su libro, reconoce que "los buenos docentes las han usado durante décadas", pero aplicadas desde la perspectiva de la teoría de las IM "son relativamente nuevas en la escena educacional". Al utilizar las estrategias didácticas, se ha de aplicar el principio de atención a la diversidad, es decir, a las diferencias individuales y los centros de interés de los alumnos.

Lo que hace Armstrong en relación con las estrategias didácticas es desarrollar cinco estrategias para cada uno de los tipos de inteligencia. Aun quienes no se apoyen ni asuman la teoría de las IM, pueden lograr un buen aprovechamiento de su propuesta general, la cual presentamos aquí de manera resumida:

La **inteligencia lingüística** es la que permite un más fácil desarrollo de estrategias. He aquí las actividades que estimulan al desarrollo lingüístico:

- **Narración oral de cuentos o historias**. Esto que suele ser una actividad bastante corriente, llevada a cabo en bibliotecas a través de los "cuentacuentos", puede trasladarse al aula. Los cuentos no tienen que ser necesariamente muy fantasiosos u originales; sí deben ser contados con mucha vivacidad.

- **Torrente de ideas**. Utilizado en diferentes técnicas de intervención social y cultural, estimula la capacidad creadora y sirve para propiciar un clima favorable para la comunicación.

- **Grabaciones de las propias palabras y para realizar entrevistas**. Esta actividad resulta útil para el desarrollo de las habilidades verbales.

- **Escritura de un diario personal** en el que se registren experiencias y vivencias.

- **Publicaciones**. Hacer composiciones, entregarlas al profesor que las califica y devuelve: su destino final es la papelera. Armstrong propone lo que todos conocemos de Freinet, el diario en la escuela, la correspondencia escolar, etc. Ya se trate del periódico del aula o de la escuela o de cualquier otro tipo de publicaciones, su realización permite que los alumnos se "enriquezcan lingüísticamente y aprendan a escribir con cierta soltura".

La **inteligencia lógico-matemática** es posible estimularla a través de ciertas estrategias que pueden aplicarse en todas las asignaturas:

- **Cálculos y cuantificaciones**. No sólo para ser utilizados en las clases de matemáticas, sino también en todas las otras asignaturas, de modo que los alumnos puedan "aprender que las matemáticas no pertenecen sólo a las clases de matemáticas, sino a la vida".

- **Clasificaciones y categorizaciones** como forma de poner orden en el material acumulado, agrupando objetos y discriminándolos en subconjuntos. La categorización es uno de los elementos de clasificación.

- **Interrogación socrática**, conforme lo explica Platón: "Si se interroga a los hombres haciendo bien las preguntas, éstos descubrirán por sí mismos la verdad de las cosas." La mayéutica socrática no consiste tanto en hablarles a los alumnos, sino en dialogar con ellos.

- **Heurística** como arte de inventar o descubrir hechos y de encontrar analogías para un problema que se quiere resolver, haciendo la descomposición dimensional de un problema y procurando encontrar las soluciones.

- **Pensamiento científico**, cuya estrategia ha de tener como propósito principal enseñar a pensar y razonar científicamente. Considero que esto es lo más sustancial de esta estrategia y no procurar suplir –como dice Armstrong– la falta del conocimiento más elemental del vocabulario científico.

La **inteligencia musical**. A través de las estrategias que propone, Armstrong pretende "integrar la música en el núcleo del currículum":

- **Ritmos, canciones, raps o cantos**. Cuando al tema que se enseña se le da un formato rítmico que pueda ser cantado o "rapeado", se puede desarrollar la forma más elemental de memorización repetitiva. Es posible mejorar la estrategia mediante la utilización de instrumentos musicales o de percusión.

- **Discografías.** Se trata de utilizar selecciones musicales que sirvan para ejemplificar hechos relacionados con un determinado momento histórico. También se puede analizar el contenido de las canciones relacionadas con una determinada época o acontecimiento histórico.

- **Música para desarrollar la supermemoria.** Esta cuestión está relacionada con lo que, desde hace muchos años, se llama "estudiar con música". Hoy existe un acuerdo bastante generalizado de que el fondo musical que más ayuda en el estudio es la música barroca.

- **Conceptos musicales.** Esta habilidad que señala Armstrong ha sido mucho menos desarrollada en la práctica educativa: se trata de "expresar conceptos, esquemas o formas" de diferentes asignaturas mediante tonos musicales.

- **Música** para diferentes estados de ánimo. Se trata de utilizar lo que solemos hacer en nuestra vida cotidiana y aun en la práctica educativa, recurriendo a la música para crear determinados estados emocionales.

La **inteligencia cinestético-corporal.** De ordinario se ha pensado que lo referente al cuerpo es algo que concierne a la educación física. Para Armstrong, es posible integrar las actividades cinestéticas en las materias tradicionales (lectura, matemáticas, ciencia...).

- **Respuestas corporales** que enseñen a usar el cuerpo como medio de expresión; ya sea levantar un brazo, uno o más dedos, guiñar un ojo, fruncir el entrecejo, etc.

- **El teatro del aula.** Se trata de enseñar y aprender, actuando un contenido o realizando una representación. Puede hacerse sin materiales o con elementos escénicos básicos.

- **Conceptos cinestéticos**, es "el dígalo con mímica" que suele ser un entretenimiento en actividades sociales de carácter festivo. Se pueden expresar este tipo de conceptos cinestéticos haciendo una pantomima de términos o conceptos utilizados en una explicación.

- **Pensamiento manual**: es la forma de aprender por medio de la manipulación de objetos o haciendo cosas con las manos. Puede utilizarse la plastilina, la arcilla o tallar madera.

- **Mapas corporales**. Su forma más elemental es utilizar los dedos para contar o calcular.

La **inteligencia espacial** es la que responde a las imágenes. Las estrategias diseñadas para estimularla son las siguientes:

- **Visualización.** Para Armstrong, la visualización consiste "en hacer que los alumnos creen su 'pizarrón interior' (o pantalla de cine o de televisión) en su ojo mental".

- **Señales de colores.** Se trata de poner color en el trabajo en el aula cuando se utiliza tiza, marcadores y transparencias para retroproyectar. Cada uno tiene una escala de preferencias en los colores, que ayuda a destacar lo que nos parece más importante o para hacer clasificaciones de temas, época u otras circunstancias.

- **Metáforas visuales**, particularmente útiles para establecer "conexiones entre lo que los alumnos ya saben y lo que se les está presentando".

- **Bosquejo de ideas.** Consiste en desarrollar ideas a partir de bocetos o ideas sencillas. Dibujar ideas sirve para crear una disciplina mental con el fin de expresar la idea principal o un tema o concepto central.

- **Símbolos gráficos** utilizados desde siempre en la educación. Se trata de escribir palabras o hacer dibujos en el pizarrón, que sirvan de apoyo visual para seguir mejor el hilo conductor del tema que se está desarrollando.

La **inteligencia interpersonal,** como ya indicamos, está asociada con la capacidad para relacionarse con otras personas. Para desarrollarla son las cinco sugerencias de Armstrong:

- **Compartir con los compañeros** sentimientos, ideas, un tema que se desarrolla en clase, etc. Se trata tanto de producir un proceso de amistad como de aprender juntos.

- **Esculturas vivientes.** Consiste en representar de manera física una idea, un concepto o alguna otra meta específica del aprendizaje.

- **Grupos cooperativos.** Pequeños grupos (de 3 a 8 miembros) que "trabajan juntos en torno a una meta de instrucciones común". Los grupos cooperativos son la estrategia educativa que mejor se presta para que alumnos con diferentes tipos de inteligencia predominante puedan trabajar juntos.

- **Juegos de mesa.** Mientras algunos alumnos juegan, conversan y explican las reglas del juego, otros observan para "aprender la habilidad o la materia que es el centro del juego".

- **Simulaciones.** Se construye un entorno "como si", ya sea disfrazándose con ropa de la época (si se trata de estudiar un período histórico) o transformando el aula en una especie de jungla o bosque (si se trata de estudiar regiones geográficas o ecosistemas).

La **inteligencia intrapersonal.** Como lo explica Armstrong, no siempre se incluyen en la práctica cotidiana en el aula oportunidades "para que los alumnos puedan sentirse seres autónomos, con una historia de vida única y un sentimiento de profunda individualidad". Es una forma de realizar lo que algunos pedagogos han aplicado a su tarea docente para que los alumnos asuman su "derecho a singularizarse", tal como lo explica Mounier.

- **Períodos de reflexión** de un minuto, que sirven para digerir la información y relacionarla mediante la introspección. En ese momento de reflexión, que puede ser de un minuto o más, según las circunstancias, se puede escuchar música de fondo.

- **Conexiones personales.** La pregunta que acompaña a los alumnos con fuerte inclinación intrapersonal durante los años que pasan en la escuela es: ¿qué tiene que ver todo esto con mi vida?

- **Tiempo para elegir**, esto es, ofrecer a los alumnos la oportunidad "para tomar decisiones sobre su experiencia de aprendizaje". Armstrong afirma que el otorgar a los alumnos la posibilidad de elegir es hacer más potentes sus "músculos de responsabilidad".

- **Momentos acordes con los sentimientos.** Se tata de introducir la emoción en la praxis educativa, tan descuidada en la educación tradicional, donde los profesores tienen una forma de presentar los temas de una manera emocionalmente neutra.

- **Sesiones para definir metas**. Lo sustancial de esta estrategia es desarrollar en los alumnos el realismo de la acción. Es decir, que sepan proponerse en sus vidas objetivos y metas realizables. Esta es una de las capacidades "más importantes para vivir de manera exitosa"; es una forma de "preparar para la vida".

La escuela de inteligencias múltiples

Armstrong sostiene que "en su núcleo, la teoría de las IM exige nada menos que un cambio fundamental del modo en el que están estructuradas las escuelas". Me parece un tanto exagerado extraer una exigencia de esa naturaleza de la teoría, pero no cabe duda de que los cambios deben producirse. Veamos qué nos dicen Gardner y Tina Blyte sobre los componentes de una escuela de inteligencias múltiples.

Después de señalar la necesidad de una reforma de la educación en los Estados Unidos y de hacer una crítica a quienes reclaman escuelas "uniformes" (un mismo currículum, un mismo método y una igual forma de evaluación aplicable a todos los estudiantes), Gardner expresa la necesidad de una educación centrada en el individuo, que impulse al máximo su potencial intelectual. Conforme con esta idea –que ya expresara Carl Rogers y que en muchos países se intentó llevar a la práctica–, Gardner delinea un "conjunto de funciones que serían asumidas en el contexto de la escuela o del sistema escolar". Según el modelo propuesto, cada escuela debe tener tres tipos de especialistas:

- El **especialista evaluador**, cuya tarea principal es llevar un registro permanente de las potencialidades, inclinaciones y limitaciones de cada alumno. Esta evaluación no utiliza ningún tipo de *test* estandarizado. Ofrece los resultados a los docentes, padres, autoridades de la escuela y a los propios alumnos.

- El **gestor/mediador entre los alumnos y el currículum**, puente entre las cualidades, capacidades y habilidades de los alumnos y los recursos disponibles en la escuela. Cuando existen cursos optativos, recomienda los cursos que el estudiante debería escoger.

- El **gestor/mediador entre la escuela y la comunidad**, encargado de encontrar las oportunidades educativas que ofrece la comunidad dentro del área geográfica que rodea a la escuela.

Gardner sugiere recurrir al "método fresco y estimulante de los museos infantiles" y crear una "atmósfera en la que los estudiantes se sientan libres para explorar los estímulos nuevos y las situaciones desconocidas". De ahí la importancia de concretarlo a través de la realización de proyectos individuales.

En cuanto a la distribución de las tareas en la escuela, Gardner sugiere que los alumnos podrían dedicar las mañanas trabajando en las materias tradicionales. En la segunda parte del día, se podrían insertar en la comunidad "donde se aventuran en la búsqueda de nuevas experiencias de aprendizaje".

Como dato informativo, hemos de señalar que en los Estados Unidos existen unas 50 escuelas de inteligencias múltiples.

Ya finalizada esta presentación, quisiera hacer algunas anotaciones. Si bien he tenido como propósito principal en este parágrafo presentar algunas de las aplicaciones de la teoría de las IM, no puedo sustraerme a la necesidad de efectuar algunas consideraciones críticas y brindar explicaciones complementarias que me parecen pertinentes:

- En la explicación de cada uno de los puntos, he procurado ser fiel a las ideas de Armstrong y Gardner y, aunque a veces no lo expresé con sus palabras, siempre se halla entre comillas lo **que es textual de estos autores**.

- No creo que –dadas las circunstancias de la educación en América Latina– sean posibles las aplicaciones que sugieren estos autores (ellos tampoco lo pretenden), pero su planteamiento general puede ayudar a mejorar la práctica docente.

- Las experiencias realizadas en América Latina se han llevado a cabo en colegios privados. De los ejemplos, quisiera mencionar sólo uno, el del Colegio Godspedd, que ha sido sistematizado por Elena Maria Ortiz de Maschwitz en el libro *Inteligencias múltiples en la educación de la persona*. Buenos Aires, Bonum, 1999.

Para ejemplificar las dificultades y limitaciones que tiene el tratar de aplicar esta teoría, descontextualizada de la experiencia pedagógica que se ha ido acumulando en nuestro continente –

especialmente prescindiendo de un maestro como Paulo Freire–, quiero señalar el caso de Venezuela.

Durante el gobierno de Luis Herrera Campins (quien asume en 1978), se crea el Ministerio de la Inteligencia, primera experiencia de esa naturaleza a escala mundial; se inicia en la escuela pública, con asesoramiento de los expertos del Proyecto Harvard. El Ministro de la Inteligencia publicó un libro sobre la forma de potenciar la inteligencia (Luis Machado). Según me lo hizo saber en una entrevista la Sra. Sánchez, "segunda de a bordo" del Ministerio, nunca leyó el libro de "su" Ministro que, en cierto modo, era la plataforma de lanzamiento del Proyecto Inteligencia para Venezuela. Durante el posterior desempeño de la Sra. Sánchez en el Instituto Tecnológico de Monterrey (donde se forma una parte de la élite empresarial de México, por lo que pude constatar entrevistando a algunos de sus estudiantes), la aplicación de la teoría de las IM –tal como se llevó a cabo– no ha servido de mucho para el desarrollo personal ni para producir científicos.

Todas estas consideraciones no son una crítica a lo que aporta esta teoría; tienen como fin señalar lo que, de una u otra manera, expresa la mentalidad colonizada que consiste en copiar (sin adaptar y recrear) lo que viene de afuera, como si por eso fuese mejor.

Por último, me parece oportuno recordar que algunas de las propuestas de renovación pedagógica tienen antecedentes en diferentes países de América Latina. Tendría que alejarme demasiado de los propósitos de este libro para hacer un recuento de todas las experiencias que he podido registrar y que nunca fueron citadas por pedagogos estadounidenses y europeos. No soy tan necio como para desconocer la originalidad de la propuesta de Gardner. Si no considerase importante conocerla (y darla a conocer), no haría el esfuerzo de difundirla desde hace ya algunos años, y que se plasma en este libro. Sólo quiero tratar la teoría de las IM desde una perspectiva más amplia.

4. La orientación y la tutoría como ámbito preferente de su aplicación

No niego ni rechazo la variedad de aplicaciones que se han propuesto para esta teoría en la práctica educativa. Algunas de estas llamadas "aplicaciones" son prácticas ya conocidas, aunque la teoría de las IM puede impregnar este tipo de acciones educativas de una nueva perspectiva, con consecuencias positivas para el desarrollo intelectual de los alumnos y el conocimiento de sí mismos.

Afirmar que es el ámbito preferente de aplicación no es una conclusión del análisis de las experiencias que he estudiado; y que se consideran formas de aplicación de la teoría de las IM no ha sido sugerido de manera explícita por Gardner. Se trata de una conclusión a partir de mi propia práctica pedagógica; conclusión discutible, por cierto, derivada posiblemente de mis limitaciones en este ámbito y debido a no valorar de igual manera otras propuestas.

Se ha dicho –y con razón– que la orientación y tutoría es una labor que siempre realizaron los buenos docentes ayudando y orientando a sus alumnos. En los centros educativos bien organizados, también han existido a nivel informal formas de acción tutorial ofrecidas por el mismo centro. Lo nuevo es que ahora existe y se ha institucionalizado una preparación específica del profesor-tutor. En los últimos años, se ha producido en muchas instituciones docentes una progresiva implementación de servicios especializados de orientación y tutoría. Ello no implica que cada profesor no realice una labor de esta naturaleza, puesto que todo proceso educativo supone siempre ayudar al educando.

Si bien la orientación y tutoría está destinada a la totalidad de los alumnos, en la práctica tiene que ofrecerse de manera personalizada y diferenciada, según las necesidades y cualidades particulares de cada alumno. Sobre este punto la teoría de las IM hace un aporte fundamental, al posibilitar ayuda a cada alumno de acuerdo con sus tipos de inteligencias predominantes y aquellas más débiles.

Desde hace algunas décadas y de manera bastante generalizada, la orientación y tutoría se realiza mediante actuaciones en tres ámbitos o niveles diferentes: personal, vocacional y escolar.

La **orientación personal** es el proceso de ayuda que se presta a un individuo con el fin de que éste logre el máximo desarrollo personal posible, a través del conocimiento de sí mismo, la clarificación de sus valores, actitudes y sentimientos. En lo sustancial, se trata de ayudar/orientar al alumno para que afirme la autoestima y la confianza en sí mismo.

La teoría de las IM permite conocer el perfil de cada alumno de una manera más amplia, lo que ofrece mayores garantías para ayudar a que cada uno logre un mejor conocimiento de sus inteligencias predominantes y de aquella o aquellas más deficientes. De este modo, se permite una profundización en la idea –hoy ampliamente aceptada en la pedagogía moderna– de la necesidad de una enseñanza personalizada, que puede ser más profunda y eficaz gracias al conocimiento de las distintas combinaciones de inteligencias que tiene cada uno.

La **orientación escolar** son las actuaciones encaminadas a ayudar a los alumnos en cuestiones relacionadas con sus estudios, atendiendo de manera particular al proceso evolutivo del aprendizaje y a los tipos de inteligencia de cada uno de ellos. La orientación escolar tradicional, limitada a la tarea de resolver problemas de aprendizaje o dificultades de integración en la escuela, ha sido reemplazada por un tipo de orientación que integra la acción tutorial (que es un modo de acompañamiento y ayuda del alumno) con la tarea del gabinete psicopedagógico, que ayuda a elegir una dirección en los estudios, a desarrollar estrategias de aprendizaje y a educar a los alumnos para "aprender a aprender" y "aprender a pensar".

Por último, la **orientación profesional** es el asesoramiento y la orientación prestados para la elección vocacional o para la ubicación del individuo en el tipo de actividad que más le conviene, teniendo en cuenta las características del interesado: aptitudes, intereses, tipos de inteligencia, gustos, aspiraciones, actitudes, tendencias y motivaciones.

En este tipo de orientación, se han de tener en cuenta también circunstancias del contexto social y económico en que se vive; de manera especial, la oferta y la demanda profesional y social que existe en un momento histórico determinado en el país, la provincia, la región o el municipio. En la ayuda prestada para elegir una dirección en los estudios o las actividades profesionales, hay que combinar el conocimiento de las actitudes y capacidades del individuo (para lo cual el conocimiento y la aplicación de la teoría de las IM presta una ayuda muy importante) con la situación contextual.

Para enriquecer y profundizar esta tarea con un mejor conocimiento de los alumnos, se debe saber cómo evaluar sus inteligencias múltiples. En el anexo de este capítulo, incluimos la propuesta de Armstrong.

5. La inteligencia es "inteligencia en sociedad"

¿Por qué hacemos esta afirmación y qué queremos decir con ella?... He encontrado un buen número de trabajos (libros, artículos, sistematización de prácticas educativas, etc.) y he escuchado conferencias en las que se habla de la forma de desarrollar la inteligencia y, en relación con el tema de este libro, de aplicar la teoría de las IM en la educación, donde se trata la inteligencia, o las inteligencias, como si fuesen algo que sólo concierne a la capacidad o potencialidad intelectual del individuo, prescindiendo del contexto (lo que algunos llaman el "análisis del *environment*").

La inteligencia, o las inteligencias, son "algo" que se sustenta en nuestro ser, en nuestra corporalidad molecular, en el cuerpo que somos, en nuestra singularidad. Pero hay algo más: volviendo a aquello que tan bien expresara Ortega y Gassett, "yo soy yo y mi circunstancia" (yo = yo + mi circunstancia). Con esto se explica que el ser humano –y cada ser humano en su peculiaridad– no existe en sí y por sí como un átomo aislado e independiente, sino en conexión existencial e inseparable con su "mundo", "entorno" o "circunstancia", donde acontece y se realiza esa realidad radical (irreductible a toda otra realidad) que es la vida. Ubicado el ser humano en este mundo que lo comprende como vivencia, el contexto en el que desarrolla su existencia influye en la totalidad de su ser, incluso en las expresiones de sus inteligencias.

Si las inteligencias son "algo" que corresponde a cada individuo, ellas no existen en abstracto, sino que se expresan en determinados contextos; además de los contextos psico-social, cultural y físico, podemos señalar en lo más inmediato otros condicionamientos:

- En el conjunto de tareas que requieren el uso de la inteligencia y que los humanos indefectiblemente afrontamos, puesto que nuestra vida no puede darse si no tenemos algo de qué ocuparnos.

- En los ámbitos específicos en los que actuamos, en la red más o menos amplia de relaciones donde se desarrolla nuestra vida y en los diversos roles que desempeñamos en los diferentes grupos en los que participamos.

- En las ciencias o disciplinas que cultivamos.

- En las circunstancias particulares de cada cultura, que incluye de manera peculiar los tres aspectos antes señalados, habida cuenta de que lo individual y lo sociocultural están mutuamente enraizados.

- En la convivencialidad más inmediata: la familia, las amistades y el trabajo.

Ahora bien, ubicado el ser humano en una circunstancia que lo comprende como un proceso dinámico de interacción, interdependencia y retroacción, podemos concluir que la expresión y el desarrollo de la inteligencia no sólo implica lo personal (el potencial de la mente individual con sus múltiples inteligencias), sino también su contexto. De ahí la afirmación con que titulamos este parágrafo: la inteligencia es "inteligencia en sociedad" o, si se quiere, la inteligencia es inteligencia dentro de un contexto sociocultural. Esto que acabamos de indicar supone mucho más que afirmar la influencia del medio y la existencia de una interacción entre éste y la inteligencia; supone que se exigen mutuamente. Todo análisis por separado sería obsoleto o limitado.

Una de las características del pensar científico, que suele denominarse perspectiva o visión sistémica/ecológica, consiste en analizar los hechos, fenómenos y procesos en su contexto; es decir, las interconexiones, relaciones, interdependencias e intercambios que tienen lugar en el entorno o la totalidad a la que pertenece. Este modo de abordar el estudio nos lleva a considerar que, si obviamos la circunstancia y tratamos la inteligencia de una persona como elemento autónomo del medio, nuestra práctica pedagógica sería infecunda.

Podríamos señalar otras circunstancias condicionantes, pero lo que aquí queremos destacar de manera especial es que las inteligencias no se expresan en abstracto, sino en esa inserción e intersección que se da entre la subjetividad de cada individuo y la realidad de su mundo. Gardner advierte que los investigadores critican cada vez más las teorías psicológicas que pasan por alto las diferencias cruciales existentes entre los contextos en los que viven y se desarrollan los seres humanos. Esta cuestión ya había sido considerada por Vygotsky hace más de medio siglo, cuando abordó el tema de las relaciones recíprocas entre el individuo y el entorno en relación con el desarrollo mental. Este parágrafo tiene como propósito principal advertir que no se puede aplicar la teoría de las IM si se prescinde de la realidad en que desarrollan su vida los alumnos.

6. ¿Es posible el desarrollo de las inteligencias débiles?

Dentro del análisis de los diferentes tipos de inteligencia que existen en cada uno de nosotros y sus posibilidades de desarrollo, quisiera establecer un vínculo con lo expuesto en el capítulo 3, acerca de lo innato y lo adquirido. Las "inteligencias fuertes" son parte del potencial genético heredado; también lo son las "inteligencias débiles". Decíamos que la inteligencia es una combinación del potencial genético (modificado por el aprendizaje social) y lo adquirido en el contexto sociocultural en donde el individuo desarrolla su vida.

Ahora bien, si las "inteligencias fuertes" serán las que distingan al individuo en su capacidad cognitiva, no por ello las "inteligencias débiles" dejarán de tener posibilidades de mejorar sus competencias. El ejemplo que Gardner suele mencionar es la experiencia que en el ámbito de la música realizó el maestro japonés Shinichi Suzuki (1898-1998), enseñando a tocar el violín. El alto nivel alcanzado por sus alumnos se debió al método utilizado, que él denominaba "la educación del talento". Suzuki utilizaba esta denominación, pues partía de la idea de que del mismo modo en que un niño aprende sin dificultad su lengua materna puede aprender la música, que es un lenguaje: primero escucha, luego imita y balbucea palabras y, por último, habla. Suzuki desarrolló la capacidad musical de sus alumnos a partir de los tres años.

El método Suzuki se ha desarrollado en diferentes países, con culturas muy diversas, permitiendo el desarrollo de la inteligencia musical sin que ésta fuese una de las inteligencias más desarrolladas entre quienes aprendían música con él. Cuando Gardner escuchó por primera vez a los niños japoneses que habían aprendido con este método, pensó en un primer momento que eran niños superdotados para la música. Pero, cuando constató que no era así, extrajo la siguiente conclusión: no es que los niños sean geniales; el método pedagógico es genial. El método Suzuki no está centrado sólo en la educación musical, sino en el desarrollo personal, formando seres humanos sensibles, tolerantes, dialógicos, capaces de trabajar en grupo de manera cooperativa.

Nos hemos detenido en esta experiencia, ya que ha revelado que es posible desarrollar, hasta un nivel muy aceptable (en este caso, un nivel excepcional), la inteligencia musical, gracias a un método pedagógico adecuado. Esto nos lleva a pensar que se pueden conseguir logros semejantes en cualquier tipo de inteligencia; el desafío que tenemos es el de desarrollar un método pedagógico adecuado para cada una de ellas.

Anexo
Listado para evaluar las inteligencias múltiples de los alumnos *(elaborado por Thomas Armstrong)*

Uno de los mayores impactos de la teoría de las IM en la práctica educativa ha sido plantear la necesidad de un nuevo concepto y un nuevo sistema de evaluación como instrumento del proceso de enseñanza/aprendizaje. No se trata de evaluar a todos los alumnos con un mismo baremo y a través del desarrollo de una única inteligencia. Los "puntos de referencia que sirven para evaluar el aprendizaje" –nos dice Armstrong– se centran en la idea de "comparar el rendimiento del alumno con sus propios desempeños anteriores".

*Creo que deberíamos apartarnos totalmente de los **tests** y las correlaciones entre **tests** y buscar fuentes más naturales de información sobre cómo las personas alrededor del mundo desarrollan habilidades que son importantes para su forma de vida.*

Howard Gardner

Nombre del alumno:

....

Marque los ítems que corresponden:

Inteligencia lingüística

- Escribe mejor que el promedio para su edad.
- Inventa historias fantásticas y cuenta historias o chistes.
- Tiene buena memoria para los nombres, los lugares, las fechas y otra información.
- Le gustan los juegos con palabras.
- Le gusta leer libros.
- Tiene buena ortografía (o, si está en el nivel preescolar,

deletrea las palabras que se le enseñan en un nivel superior al de su edad).
- Le gustan las rimas sin sentido, los juegos de palabras, los trabalenguas, etc.
- Disfruta escuchando la palabra hablada (cuentos, comentarios en la radio, libros grabados en casete, etc.).
- Tiene un buen vocabulario para su edad.
- Se comunica con los otros de manera preponderantemente verbal.

Otras fortalezas lingüísticas:

_____
_____
_____
_____
_____

Inteligencia lógico-matemática
- Hace muchas preguntas sobre cómo funcionan las cosas.
- Calcula rápidamente los problemas aritméticos en su cabeza (o, si aún está en el nivel preescolar, tiene conceptos matemáticos avanzados para su edad).
- Disfruta de las clases de matemáticas (o, si aún está en el nivel preescolar, le gusta contar y hacer otras cosas con los números).
- Encuentra interesantes los juegos matemáticos de computadora (o, si no ha entrado en contacto con las computadoras todavía, le gustan otros juegos matemáticos o de contar).
- Le gusta jugar al ajedrez, a las damas o a otros juegos de estrategia (o, si aún está en el nivel preescolar, a los juegos de tablero que requieren contar espacios).
- Le gusta hacer rompecabezas lógicos (o, si aún está en el nivel preescolar, le gustan las afirmaciones sin sentido lógico, como en Alicia en el país de las maravillas).
- Le gusta ordenar las cosas en categorías o jerarquías.

- Le gusta experimentar y lo hace de un modo que demuestra procesos cognitivos de pensamiento de orden superior.
- Piensa en un nivel más abstracto o en un nivel conceptual superior al de sus pares.
- Para su edad, tiene un buen sentido de causa y efecto.

Otras fortalezas lógico-matemáticas:

Inteligencia espacial

- Posee imágenes visuales claras.
- Lee mapas, planos, gráficos y diagramas con más facilidad que textos (o, si aún está en el nivel preescolar, le gusta más mirar las ilustraciones que los textos).
- Sueña despierto más que sus pares.
- Disfruta las actividades de arte.
- Dibuja imágenes de manera avanzada para su edad.
- Le gusta mirar películas, diapositivas u otras presentaciones visuales.
- Le gustan los rompecabezas, los laberintos, los dibujos donde se deben encontrar diferencias o formas ocultas y otras actividades visuales similares.
- Hace construcciones tridimensionales interesantes para su edad (por ejemplo, edificaciones con LEGO).
- Mientras lee, saca más de las imágenes que de los textos.
- Garabatea en los cuadernos, las hojas de trabajo y otros materiales.

Otras fortalezas espaciales:

Inteligencia cinestética-corporal

- Sobresale en uno o más deportes (o, en el nivel preescolar, muestra destrezas físicas avanzadas para su edad).

- Se mueve, golpea el piso de manera rítmica, tiene tics o manipula objetos cuando tiene que permanecer sentado en un mismo lugar durante mucho tiempo.

- Imita de manera inteligente los gestos o modales de otras personas.

- Le entusiasma desarmar las cosas y después volverlas a armar.

- Pone sus manos encima de cualquier cosa que ve.

- Le gusta correr, saltar, luchar u otras actividades similares (si es mayor, manifiesta este mismo interés, aunque de manera más restringida; por ejemplo, haciendo como que boxea con un amigo, va corriendo a clase, salta por encima de una silla...).

- Demuestra habilidad en una tarea artesanal (por ejemplo, trabajando con madera, cosiendo, en mecánica) o una buena coordinación motriz fina de otras maneras.

- Se expresa actuando lo que dice.

- Habla de las diferentes sensaciones físicas que experimenta mientras está pensando o trabajando.

- Le gusta trabajar con arcilla u otras experiencias táctiles (por ejemplo, pintando con los dedos).

Otras fortalezas corporales-kinéticas:

Inteligencia musical

- Señala cuando la música está fuera de tono o suena mal.
- Recuerda melodías de canciones.
- Tiene buena voz para cantar.
- Ejecuta un instrumento musical, canta en un coro o en otro grupo (o, en el nivel preescolar, le gusta tocar instrumentos de percusión y/o cantar en grupo).
- Tiene una manera rítmica de hablar y/o moverse.
- De manera inconsciente canturrea para sí mismo/a.
- Mientras trabaja, golpea rítmicamente su mesa o escritorio.
- Es muy sensible a los sonidos de su medio (por ejemplo, la lluvia sobre el techo).
- Responde de manera favorable cuando se le hace escuchar una pieza musical.
- Canta canciones que ha aprendido fuera del aula.

Otras fortalezas musicales:

_____
_____
_____
_____
_____

Inteligencia interpersonal

- Le gusta socializar con sus pares.
- Parece ser un líder natural.
- Aconseja a los amigos que tienen problemas.
- Se maneja muy bien en la calle.
- Pertenece a clubes, comisiones u otras organizaciones (o, en el nivel preescolar, parece formar parte de un grupo

social regular).
- Le gusta enseñar de manera informal a otros niños.
- Le gusta jugar con otros niños.
- Tiene dos o más amigos íntimos.
- Tiene un buen sentido de la empatía o se preocupa por los demás.
- Otros buscan su compañía.

Otras fortalezas interpersonales:

Inteligencia intrapersonal

- Manifiesta inclinación hacia la independencia o tiene una voluntad fuerte.
- Tiene una visión realista de sus capacidades y sus debilidades.
- Se desempeña bien cuando se lo deja trabajar o estudiar por su cuenta.
- En su propia manera de vivir o aprender, marcha a un ritmo distinto que los demás.
- Tiene un interés o afición del que no habla demasiado.
- Tiene un buen sentido de la autodirección.
- Prefiere trabajar solo a hacerlo con otros.
- Expresa con precisión cómo se siente.
- Es capaz de aprender de sus fracasos o éxitos en la vida.
- Tiene una alta autoestima.

Otras fortalezas intrapersonales:

Para saber más...

Amigo/a lector/a:

Este texto que tienes en tus manos es el tercer libro de mi autoría que, en su primera edición, se publica sin que aparezca al final la "bibliografía citada". Como en los casos anteriores, la razón es la siguiente: se trata de textos que fueron preparados como guía o ayudamemoria de conferencias, cursos, seminarios..., sin que existiese la intención de publicarlos como libros. Sin embargo, cada vez que utilizo alguna idea ajena o hago referencia a algún libro, siempre encierro el texto entre comillas e indico el autor. Por otro lado, considero esta versión del trabajo un pretexto, un primer borrador, y, a no largo plazo, espero ofrecer la versión final del libro.

En esta última parte, presentaré la bibliografía básica utilizada. No voy a recurrir a la pedantería de aquellos que incluyen un listado tan extenso de libros, que permite saber a un lector sin mucha perspicacia que el autor no ha leído buena parte de ellos. He prescindido totalmente de notas, porque me parece inútil, sobre todo cuando se presentan nociones elementales o que pertenecen al acervo común de las ciencias sociales.

Presentaré lo que constituyó la bibliografía básica para introducirme en la teoría de las IM. Luego, haré referencia a libros que sirven como complemento, especialmente los que tratan cuestiones referentes al cerebro. Por último, sugeriré la lectura de algunos libros que, sin tratar temas vinculados con la teoría de las IM, permiten tener un marco y una perspectiva más amplia de cara a una comprensión crítica del pensamiento de Gardner y del Proyecto Harvard sobre la Inteligencia y el Desarrollo Personal.

Textos básicos de Howard Gardner disponibles en español:

– *Estructuras de la mente. La teoría de las inteligencias múltiples,* México, FCE, 1994.

– *Inteligencias múltiples. La teoría en la práctica,* Barcelona, Paidós, 1995.

– *La mente escolarizada: cómo piensan los niños y cómo deberían enseñar las escuelas,* Barcelona, Paidós, 1993.

– *La educación de la mente y el conocimiento de las disciplinas,* Barcelona, Paidós, 2000.

Sobre la aplicación de la teoría de las IM:

– Thomas Armstrong: *Las inteligencias en el aula,* Buenos Aires, Manantial, 1999.

– Celso Antunes: *Estimular las inteligencias múltiples. Qué son, cómo se manifiestan, cómo funcionan,* Madrid, Narcea, 1998.

– Elena Ortiz de Maschwitz: *Inteligencias múltiples en la educación de las personas,* Buenos aires, Bonum, 1999.

Para un mejor conocimiento de las inteligencias múltiples, es de suma importancia –como lo reiteramos en diferentes pasajes del libro– ahondar en el conocimiento del cerebro.

Para iniciarse en el tema, sugiero dos libros:

– Richard Walker: *El cerebro. Así funciona la materia gris,* Madrid, Alhambra, 2003.

– Eric Jensen: *Cerebro y aprendizaje. Competencias e implicaciones educativas,* Madrid, Narcea, 2004.

Para ahondar en el tema, recomiendo en particular:

– Francisco Mora: *El reloj de la sabiduría. Tiempos y espacios en el cerebro humano,* Madrid, Alianza, 2005.

– Francisco Mora: *¿Cómo funciona el cerebro?,* Madrid, Alianza, 2001.

Para enriquecer la comprensión de la naturaleza de la inteligencia, dos libros de José Antonio Marina me parecen muy convenientes:

– *La inteligencia creadora,* Madrid, Anagrama, 1993.

– *La inteligencia fracasada,* Madrid, Anagrama, 2004.

Para profundizar sobre la inteligencia interpersonal, dos libros de Goleman son indispensables:

– *La inteligencia emocional,* Barcelona, Kairós, 1996.

– *El punto ciego,* Barcelona, Plaza y Janés, 1997.

Para enseñar y aprender a pensar puede leerse:

– R. Nickerson, D. Perkins y E. Smith: *Enseñar a pensar. Aspectos de la aptitud intelectual,* Barcelona, Paidós/MEC.

– Bárbara Rogoff: *Aprendices del pensamiento,* Barcelona, Paidós, 1993.

En algunas ocasiones, después de una charla o jornada sobre el tema de las inteligencias múltiples, he sugerido a docentes que habían leído a Armstrong y no encontraban cómo organizar las clases la lectura de dos libros que se vinculan con las IM, pero que pueden orientar el modo de organizar los contenidos:

– Antonio Zabala: *La práctica educativa. Cómo enseñar,* Barcelona, Graó, 1995.

– Tomás Sánchez Iniesta: *Organizar los contenidos para ayudar a aprender,* Buenos Aires, Magisterio del Río de la Plata, 1999.

Para los que quieran adentrarse en el conocimiento de la neurociencia, recomiendo:

– F. Mora y A. M. Sanguinetti: *Diccionarios de neurociencias,* Madrid, Alianza, 1994.

– J. Delgado, A. Ferrús y F. Rubia C.: *Manual de neurociencia,* Madrid, Síntesis, 1998.

El pensamiento de Edgard Morin está presente en este trabajo; de manera especial, los volúmenes III y V de *El método*.

Jean Piaget, cuya obra precede a la teoría de las IM ya que considera las raíces biológicas del intelecto, es otro autor que conviene conocer para mejor introducirse en el pensamiento de Gardner. Quizá su libro *La psicología de la inteligencia* sea el más recomendable.

Acerca de la neurociencia:

– Francisco Mora y M. Sanguinetti: *Diccionario de neurociencia.*

– Mark F. Bear: *Neurociencia explorando el cerebro.*

– Erik Kandel: *Principios de neurociencia.*

– J. M. Delgado: *Manual de neurociencia.*

www.ingramcontent.com/pod-product-compliance
Lightning Source LLC
Chambersburg PA
CBHW080546220526
45466CB00010B/3049